少数民族民居

【中国民俗文化丛书】

刘魁立 张旭 主编

叶禾 编著

中国社会出版社

U0322512

中国民俗文化丛书编委会

主编：刘魁立　张　旭

编委：高丙中　华觉明

　　　叶　涛　施爱东

　　　陈勤建　陈泳超

　　　萧　放　刘宗迪

　　　郑土有　巴莫·曲布嫫

　　　万建中　徐艺乙

序

中国民俗学会理事长　　刘魁立

　　人生活于文化之中，正像人离不开空气一样。《周易》说："观乎天文，以察时变；观乎人文，以化成天下。"无论汉语"文化"一词是否由此而来，这段话至少说明，我们的祖先向来对文化的重要性有十分清楚和极其深刻的理解。文化确乎是人之所以成为人、人类之所以成为人类的根本标志。人创造了文化，文化也创造了人，从这个意义上也可以说，人是文化的动物。

　　从文化本身来说，相当长一段历史时期的传统文化可以粗略地、也是相对地划分为两大分流，即所谓上层文化（或称高层文化、雅文化、精致文化……）和下层文化（或称基层文化、底层文化、低层文化、民间文化）。

　　民间文化是人民群众创造的最古老的文化，因为它的根源可以追溯到人类发展的初始阶段；民间文化同时也是最年轻的文化，因为它仍然活生生地存在于人民的日常生活和口碑之中。民间文化还是整个社会文化的基础，并且具有极强的生命力。上层文化往往是对民间文化选择、改造和精致化的结果。

民间文学、民间艺术是民间文化中最富色彩的一个组成部分。它在人类创造的一切艺术中，生命最活跃，涉及最广泛。它以古朴纯真的艺术手段，反映着人民群众的现实生活、理想和追求。它的无数珍品，是当之无愧的美的典范。没有了它，人类将失去多少童真的回忆；没有了它，人类的爱祖国、爱家乡将会缺少多少实际可感的具体内容；没有了它，人类的欢乐、悲伤也将变得干枯而平淡；没有了它，人类将会失掉多少生活的甘美和幽默……

万家社区图书室援建和万家社区读书活动，是建设社会主义文化和建设社会主义新农村的一项战略举措。我们，作为受到农民兄弟哺育和培养的知识界、文化界，有义务用学来的知识回报衣我食我的父老乡亲，这不仅是我们的社会责任，也是我们的荣耀。

中国民俗学会在这项重要活动中，承担有关中国民间传统文化的约50种图书的撰写工作，我们组织了学养很高的，包括大批教授、研究员在内的专家队伍，来完成此项写作任务。他们在相关领域里，学有所长，业有专攻，所有作者都以光荣志愿者的精神，以科学严谨的态度，用生动活泼的文字，把相关的准确而丰富的知识，呈献给农民兄弟和城镇社区的读者。完成这项具有重要意义的写作编书任务，是我们人生当中一件值得骄傲、值得自豪的事情。

中国民间文化是世世代代锤炼和传承的传统文化，其中凝聚着民族的性格、民族的精神、民族的真善美，是中华民族彼此认同的标志，是祖国同胞沟通情感的纽带。历史悠久、内涵丰富的传统文化也是我们中华民族对人类文化多样性发展的巨大贡献。急剧变化的时代在淘洗着传统的民间文化。在当今时代，我们尤其有必要对我们丰富淳厚、历史悠远的民俗传统立此存照，将其中的优秀部分及其真谛展示给广大民众，使他们对中华大地、对祖国同胞、对优秀的文化传统和淳厚的民俗民风怀有更深刻的眷恋、热爱和崇敬。继承和发扬中华民族创造的非常丰富而优秀的非物质文化遗产和民族精神，是我们的幸事，也是我们的历史责任。

我希望在大家的共同努力下，民间文化之花越开越鲜艳，为我们祖国、为我们中华民族赢得一个永恒的春天。

目录

中国民俗文化丛书

少数民族民居

引　言

　　中华大家庭是由 56 个兄弟民族组成的，少数民族的居住文化是少数民族文化的重要组成部分。在戈壁草原，有飘着奶香的蒙古包；在山崖水边，有凌空建起的吊脚楼；在吐鲁番盆地，有炎炎烈日下的土房民居；还有海南黎族的船形屋、藏族和羌族的碉房、云南傣族的竹楼……在中国 960 万平方公里的广阔地域上，不同的生态环境、生产及生活方式和宗教信仰，造就了各民族、各地区不同的居住文化传统，并在其各自的民居结构、形式和风格上，显示出明显的空间差异性。各少数民族的居住文化，表现出不同的人文色彩。

内蒙古及东北地区
少数民族民居

在内蒙古及东北地区，世世代代繁衍着 7 个民族：从黄土高原到内蒙古高原，直到东北的呼伦贝尔大草原，这是蒙古族成长的摇篮；鄂伦春族和鄂温克族则主要居住在大、小兴安岭地区；而满族和达斡尔族是以白山黑水为发祥地的；在东北黑龙江、松花江和乌苏里江的"三江平原"上，又聚集着以渔业为生的赫哲族。在海兰江畔，生活着经营稻作文化的朝鲜族。各个民族在长期的特殊生产和生活中，创造了各不相同的居住文化。

蒙古包与"仙人柱"

"敕勒川，阴山下，天似穹庐，笼盖四野。天苍苍，野茫茫，风吹草低见牛羊。"这首响彻草原的千古绝唱再现了游牧民族的生活。如果说，广袤的草原像浩瀚的天宇，那么乳白色的蒙古包就像闪亮的星星，它点缀在绿缎般的草原上，给古老

广袤草原上的蒙古包

而静谧的草原增添了勃勃生机。

　　"蒙古包"名称源自满语。在《史记》、《汉书》等汉语典籍中，被称作"毡帐"或"穹庐"。在蒙文典籍里，则被称为"斡鲁格台格儿"，意为无窗的房子。现代蒙语又称之为"奔布格格日"或"蒙古勒格日"，意为圆形或蒙古人房子。"包"字出自满语，满语称蒙古人住的这种房子为"蒙古博"，"博"意是"家"的意思，"博"与"包"音近，蒙古包作为一种译音流传下来，至今已有三百多年的历史。但是，这并不等于游牧民族使用和制造蒙古包的历史。

蒙古包

　　蒙古族居住的蒙古包是由天窗、包顶以及由四片或六片栅栏墙架、毡墙和一扇门组成。木栅在蒙语中称"哈那"，是用长约两米的细木杆相互交叉，编扎而成的网片，可以伸缩，几张网片和包门连接起来形成一个圆形的墙架，用大约六十根被称作"乌尼"的撑杆和顶圈结合在一起则构成了蒙古包顶部的伞形骨架。乌尼的长短和多少由蒙古包的大小而定，大型的蒙古包有的乌尼达到一百多根甚至更多。

位于蒙古包顶中央的，是天窗的毡顶，一般于夜间压盖，白昼视冷热情况揭开或闭合。毡顶四周都有扣绳，可依方向而调整，风雪来时包顶不积雪，大雨冲刷包顶也不存水。毡顶用粗毛绳做边，里边用粗毛绳扎成云形图案。把长约两米的木杆插进天窗的窟窿里，与栅栏墙架组成圆壁，并与上端交叉处岔口的数量相等，然后用马鬃绳和驼毛绳串起来，同蒙古包顶的木杆形成一个整体。栅栏墙架即蒙古包的伞形骨架，是由交叉的木条组成的，外面再盖上羊毛毡。蒙古包的门一律向东开，以躲避西北风。游牧民族以日出方向为吉祥。《五代史·四夷附录》说："契丹好鬼而贵日，每月朔旦，东向而拜日，其大会聚、视国事，皆以东向为尊，四楼门屋皆东向。"《周书·突厥传》说："可汗恒处于都斤山，牙帐东开，盖敬日之所出也。"此俗为北方游牧民族所共有。

蒙古包大致可以分为三种：一为固定

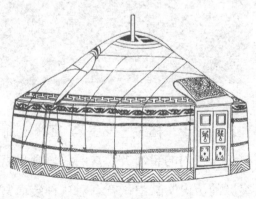

蒙古包

【少数民族民居】

内蒙古及东北地区少数民族民居

式蒙古包。固定式蒙古包同样是用毛毡做屋盖和屋墙，与转移式蒙古包相比，其墙基必须埋入地下，毡房周围的土地必须夯实，包内要用木栅围绕，其装潢也较讲究。二为转移式蒙古包。转移式蒙古包是纯游牧居民的毡房，其构造、形状、大小及屋内的格局与固定式蒙古包相同。其不同点主要在于其支架不必永久性地固定，包内不必用木栅围绕，装潢也比较简单。三为简易的帐篷，为了转场途中临时居住的需要，这种蒙古包是搭设时省去栅栏墙架的更为简易的帐篷。

古代蒙古贵族居住的帐幕称为斡儿朵，又称"金殿"、"金帐"、"金撒帐"。《黑鞑事略》徐霆注曰："霆至草地时，立金帐，其制则是草地中大毡帐，上下用毡为衣，中间用柳编为窗眼透明，用千余条线曳住，阃与柱皆以金裹，故名。"

金 帐

宫帐的造型与斡儿朵略有区别，它的架子是在固定的乌尼的筐状木头上插入乌尼，并竖起哈那制成的，外形像人的脖子，称为"发屋"。宫帐上面呈葫芦形，象征福禄祯祥。宫帐内的装饰极为富丽，表现出特有的民族风格。在古代突厥的历史文献中，就有对这种装潢富丽的游牧贵族所用毡帐的记载。据希腊史学家弥南记叙，东罗马帝国的使者蔡马库斯于公元568年访问西突厥可汗时，其毡房的木柱上覆以金片，毡帐内可汗的座位安放在四个金制孔雀上面。玄奘赴印度时，也路经西突厥，并称突厥可汗"居一大帐，帐以金华装之，烂眩人目。"可见游牧民族对蒙古包的装饰是一脉相承的。

建造蒙古包时地点的选择

为逐水草，便于畜牧，建造蒙古包的地点必须有所选择。首先，要选择距离水草近的地方，水是牲畜的生命线，也是人的生命线，所以要在靠近"水泡子"的地方安营扎寨。其次，要选在通风处。由于牧人的生活处在不断迁徙的过程中，蒙古包地

蒙古包

点的选择因季节而有所不同。方志《青海记》说："夏日于大山之阴，以背日光，其左、右、前三面则平阔开朗，水道便利，择树木阴密之处而居。冬日居于大山之阳，山不宜高，高则积雪；亦不宜低，低不挡风。左右宜有两狭道，迂回而入，则深邃而温暖。水道不必巨川，巨川则易冰，沟水不常冰也。"

也就是说，夏季要设在高坡通风之处，避免潮湿；冬季要选择山洼地和向阳之处，寒气不易袭入。牧人说：搭盖帐幕时要选择"靠山高低适中，正前或左右有一股清泉流淌的地方"。牧人还认为：东如开放，南像堆积，西如屏障，北像垂帘，帐幕要搭建在"前有照、后有靠"的地方，前有照，指充足的阳光和充足的草滩；后有靠，指阳坡或高地，既没有照，也没有靠，也应有抱的地方，即指河流或小溪。牧人对住所地址的选择，表现其居住方式对生态的适应。

与农业民族所居住的房屋相比，蒙古包非常适应游牧生活的特点。在蒙古高原，牧民们视当年水草和气候变化，一年当中可能迁徙两至四次不等。由于蒙古包制作工艺简单，拆除方便，易于迁徙，妇女通常几小时之内便可以完成。

蒙古包内的家居习俗

蒙古包的门通常是南或东南朝向，门和门槛是进入蒙古包的标志，也是蒙古包内部和外部的分界线。同时，门和门槛也被视为保护整个家族平安富贵、防止外敌侵入的象征。因此，进入蒙古包存在很多禁忌和礼俗：骑马或乘车接近蒙古包时，要徐徐慢行，以示对主人的尊敬；进入蒙古包前，必须把马鞭放在帐外。执鞭入帐，就是对主人的不敬；以鞭打狗也是对主人的不敬。古时蒙古包内如有病人，则在门外左侧拴一条绳子，表示不能待客；出入蒙古包时，如果在门槛上向门外绊倒是非常不吉利的，因为蒙古族人认为，这样会把家里的福分带走；而在过门槛时，在门槛上坐、站、告别、交谈，甚至是踩门槛都是不容许的，因为这些行为模糊了内外的界限，损害了家族的福分。

蒙古包内的家具摆设

依照游牧民族尚右、尚西的习俗，蒙古包内放置家具物品的顺序是：西北面放置佛龛或摆放成吉思汗的画像。箱子、炕桌等放在北面，炕桌上卷放着铺盖。西南面的哈那上，挂有马鞭等骑马工具。在牧人眼里，这些东西至为重要，绝不能放在东边。东边有绘制图案的竖柜。东南面则置放炊具等其他生活用品。

在蒙古包里，西、北、上、右这四个位置一般是男性或地位较高者和年长者的位置。东、南、下、左则是女性的或地位较低者和年轻者的位置。不管是在蒙古包里居住，还是做客，人们躺卧和就坐以及物品摆放的位置都要严格遵循这些规矩。

灶火是蒙古包内空间分配的参照物和对称中心，同时以灶火为中心的纵向延长线划定了男女的性别区域。灶火在一个家庭中居于重要的位置，如果没有火，就等于没有家庭。在蒙古人的心目中，火是家庭的中心，也是一个家庭兴旺发达的象征。在过年的时候，蒙古人要祭火拜火，向火里抛洒黄油和食物；在举行婚礼仪式时，蒙古人也有祭火的习俗，企盼新婚夫妇幸福吉祥。

草原蒙古族是一个热情好客的民族，过去进入蒙古包要从左边进，从右边出。客人首先要问询主人家牲畜是否平安，再问家人是否健康。主人要向客人献哈达，向尊者敬献哈达时，手捧哈达，要高高举过头顶；向平辈敬献，要将哈达送到对方的手中；对小辈则把哈达系在他们的颈上。然后是敬献奶茶，再吃奶食品。最尊贵的客人要宰杀全羊招待，当然要伴以美酒。在食整羊时，也是有规矩的，要把肥软的绵羊尾巴尖献给长辈和尊贵的客人，肩胛骨则由客人和男人分享，股骨则给一般客人，分给妇女的则是臀部和腰椎，已婚妇女和年轻姑娘，则分给胸骨。在婚宴上，新郎新娘各拿一副连在一起的尺骨、桡骨，这是相约和幸福的象征。

蒙古包

蒙古包给在冰雪严寒中生存的蒙古族人以无限温馨。因此牧人们在民歌里唱道：

因为仿照蓝天的样子
才是圆圆的包顶
由于仿照白云的颜色
才用羊毛毡制成
这就是穹庐——
我们蒙古人的家庭
因为模拟苍天的形体
天窗才是太阳的象征
因为模拟天体的星座
吊灯才是月亮的圆形
这就是穹庐——
我们蒙古人的家庭

仙人柱

与蒙古族居住的蒙古包
相比，鄂温克族居住的"撮罗
子"则较为简易，鄂温克语叫
"仙人柱"，也叫"斜仁柱"。
仙人柱的搭盖方法是：首先支
起两根主杆，接着把六根一头
带杈的木杆搭在主杆上，相互
"咬合"成约30度的圆锥体，

仙人柱

并在顶端套一个柳条圈，然后围绕柳条圈的周边再搭上二十几根木杆，仙人柱的骨架就搭好了。有的也将这些木杆插入土中，以便牢固。仙人柱的覆盖物有桦树皮、狍皮、芦苇帘、草帘子、布围子、棉布围子、帆布围子甚至塑料等多种。冬季经常用经过鞣制的狍皮围子，春、夏、秋经常使用桦树皮围子。在大、小兴安岭的北部，以养鹿为生的鄂温克族还居住在用防雨布搭盖的帐篷里，这种帐篷正是从仙人柱转化而来的。鄂伦春族在过去也曾住这种仙人柱。

在搭建仙人柱的骨架时就留有一门，上面挂有门帘子，其外形与蒙古包极为相似。仙人柱为圆锥形，蒙古包上面的部分也呈圆锥形，但下面为圆柱体。虽然仙人柱和蒙古包都是用木制骨架构成的。但是不同的是，仙人柱的骨架是互相交叉在一起的，而蒙古包的骨架上面为伞骨状，下面为交叉的网状。仙人柱和蒙古包上面均有遮盖物，但仙人柱的遮盖物可以是树皮、兽皮，而蒙古包则是羊毛毡。

东北地区固定式民居

蒙古高原游牧民族居住的是移动的帐房，而东北地区从事农耕的民族则多居住固定式房屋。

满族的口袋房

满族民间居室建筑伴随其社会的发展，逐渐形成了自己独特的格局。其中最有特色的就是"口袋房"。口袋房屋门开在东侧，一进门的房间是灶屋，西侧居室则是两间或三间相连。卧室分为一楹、二楹、三楹。西间称为上屋，中间称为堂屋，东间称为东下屋。堂屋又称灶屋。有的灶屋东、西墙都开门，又称为"对面屋"。宅舍无论三楹、五楹，都是东面开门，形如口袋，故称为"口袋房"。又因为形似斗

口袋房门窗

状，又称为"斗室"。口袋房有着较固定的布局。堂屋设灶，为做饭的场所，以隔壁隔断西上屋和东下屋，设门出入两个房间，称堂屋为"外"，两旁为"内"。

满族主要生活在北方寒冷区域，为适应北方地区的严寒气候，抵御冬季风雪，同时实现采光充足、便于通风，满族民居南北面均设置窗户，南面的窗户较宽大，北面的窗户较狭窄，既通风又保暖。窗户上、下开合，上扇窗户为结实的木条制作。木条上刻有云字纹等满族人喜爱的传统花纹。窗户纸糊在窗外，不仅可以加大窗户纸的采光面积，抵御大风雪的冲击，

还可以避免因窗户纸的一热一冷造成的脱落。窗户纸用盐水、酥油浸泡，经久耐用，不会因风吹日晒而很快损坏。窗户在下面固定，可以向外翻转，避免大风吹坏窗户。满族的房门为双层门，分内门和风门。内门在里，为木板制作的双扇门，门上有木头制作的插销。风门为单扇，门上部为雕刻成方块的花格子，外面糊纸，下部为木板。

朝鲜族民居

从事农耕的朝鲜族，其传统民居是平房。根据正房、外房和内房以及长廊、大门的分布，经常采用的平面布局有四种类型：仅有正房的单幢房子，为单排房；正房和外房呈并排布置的双幢房子；正房与外房的平面布置为"⌐"形或"∟"形折角房；正房、外房、长廊和大门的平面布置为"口"字形，即四合院。正房分成里屋、上屋和头上屋，各屋之间用横推门隔开，需要时，推开门扇就成为一个大通间。各屋都有通向外边的门，门前有木板廊台，方便人们脱鞋进屋。

朝鲜族住房的结构最能表现其民族特色的是房柱和屋顶。房柱分为圆柱和角柱，圆柱有直圆柱和鼓形圆柱；角柱有四方柱和八角柱。房柱沿屋四周分布，下端可装置环形的木栏杆，顶端连接梁和檩，再用斗顶托房檐。屋顶均为有屋脊的结构，采用悬山式和歇山式屋顶。为了装饰屋顶的四角，把椽子架成扇形，有时还装上双层的椽子。

朝鲜族民居

朝鲜族住房讲究装饰，主要是在木结构上绘制各种颜色的花纹和图案。按彩绘的状态可以分为普通丹青、中等丹青和锦丹青。普通丹青素净，锦丹青富丽堂皇，中等丹青居中。普通丹青用粗的黑线条和细的白线条构成，适用于画在额枋、檩、斗拱和椽子上。锦丹青只画在中心建筑上，而且画在最容易引起人注意的建筑的正前面。锦丹青色彩艳丽，构图使人眼花缭乱，尽现华丽。中等丹青应用广泛，经常采用的纹样有螺纹、石榴纹、铃铛纹和鱼鳞纹等。丹青的基本颜色为红、浅绿、蓝、黄和黑五种。绘制时，先在木体表面全部涂上浅绿色，再勾上花纹及图案，然后再涂以所需的颜色。吉祥的色彩图案给朝鲜族的居住带来了吉祥。

朝鲜族讲究庭院的布置，一般的院子有里院和后院，里院四周全是房屋，很像一个外间大屋。里院有井和放酱缸的台子，还有吸引人们观赏的花圃。有的地区，里院还设有一层或两层的长台，把各样花盆摆在上面，使人感到美好和温馨。后院和里院周围栽有各种树木，并砌有围墙。这就使得住房的庭院绿树成荫，房内清爽宜人。里院像外间大屋，后院就像果木园，很适于人们憩息。

院里或房前有井。自古以来，我国人民在选房基时，首先要勘定可供挖井的地方。水井有用吊桶的井，用戽斗的井和浅井。井边一般都栽有树木，绿荫蓊郁，凉风习习。过去，因为以务农为主，住家都建有保管农具、谷物的库房和喂养家畜的牲口圈。这些与营生有关的建筑，都建立在紧靠大门的地方，这样，与人的居室距离较远，又有一定的遮掩性。

达斡尔族民居

达斡尔族民居，多以松木为房架，以土坯或土堂为墙，里外抹几道黄泥，屋顶铺草苫，房屋二间、三间、五间不等。二间房以西屋为卧室，东屋为厨房；三间房或五间房以中间一间为厨房，两边为居室。房子一般都坐北朝南，注重采光。窗户多是达斡尔族房屋的一大特点。

因此达斡尔族聚居的屯子都依山傍水，多坐落在风景秀丽的地方，房舍院落修建得十分整齐，给人一种大方雅观的印象。由于长期受游猎生活习惯的影响，达斡尔族不管居住在哪里，总要选择一个山水适宜的地方。达斡尔人居住的大半是大马架或者是两间草房，院墙几乎全是用柳树条编织的带有各种

达斡尔族民居

花纹的篱笆，院落十分严谨。马棚和牛舍一般都是修在离院子较远的地方，这使得院内能保持清洁。

流行于今内蒙古莫力达瓦达斡尔族自治旗一带的达斡尔族民居还居住一种"介"字形草房，这种"介"字形草房多取松木用"榫合法"搭成房架，房顶椽子上铺以柳条、苇席，用泥抹平，再覆以草苫或小麦秸秆，用马鞍形木架压住。墙用从草地上铲来的草坯垒成，里外用泥抹平。屋内隔成2间~5间不等。以西屋为上屋，住人，靠西南北三面墙砌炕。天棚和墙壁讲究装饰。东屋为下屋，南北紧靠隔墙砌灶，烟筒通出东西墙外一米左右。门多开于南墙东侧。南墙、西墙开窗，窗外糊纸。正房前东西两侧盖有厢房，东西厢房南面筑畜圈。院墙用红柳条编成的带花纹的篱笆搭成。

马架子房和仓房

赫哲族与满族、鄂伦春、朝鲜和汉等民族交错杂居在黑龙江、松花江、乌苏里江的三江平原的沿江地带。从古至今"夏捕鱼作粮，冬捕貂易货"，属于渔猎经济文化类型。赫哲族的传统民居为"马架子房"。其特点是：山墙向南背北，门开在南山墙上，门两侧各有一扇窗。室内东西两面搭火炕，炕南端置厨灶，外呈马鞍架形，所以叫马架子房。

在树上搭盖一种木制的"仓房"，选四颗高大的树为柱，然后用较细的木头为檩子，以树的距离为房子的长宽，房顶为脊形。

赫哲族民居

这是游牧民族的仓房，夏天储藏冬天的东西，冬天储藏夏天的东西。如果过路人断粮、缺衣，可以到任何一个仓房随便索取。他们说："外来的人不会背着自己的房子，你出去同样不能背走你的家，如果不招待外来的客人，你出门也无人照顾。"所以他们招待每一位远方来的客人。

火 炕

在冰冻三尺、滴水成冰的北国，冬季的黑夜是漫长的。如何度过寒冷的漫漫长夜？床就显得十分重要，因此东北少数民族有睡炕的习俗，其中以满族最为典型。

满族的万字炕

满族睡的炕称万字炕，或称"转圈炕"、"拐子炕"、"蔓枝炕"等。满语称"土瓦"。满族的火炕有自己的特点。第一，环室为炕。卧室内南北对起通炕，西边砌一窄炕，也有的西炕与南、北炕同宽的，与南、北炕相连，构成了"Π"形。烟囱通过墙壁通到外面。第二，炕面较为宽大，有五尺多宽。炕既是起居的地方，又是坐卧的地方。第三，也是最为重要的一点是保暖。满族使用和发明的火炕是通过做饭的锅灶来供热的，做饭也罢，烧水也好，热气都通过火炕，所以炕总是热的。有的人家为了保暖，把室内地面以下也修成烟道，称为"火地"或者也叫"地炕"。第四，"烟囱出在地面上"是满族民居的又一个特色。满族炕大，烟囱也粗，用砖和泥垒成长方形，满语称为"呼兰"。烟囱高出屋檐数尺，通过孔道与炕相连。满族人喜欢热炕，他们往往在炕沿下镶上木板，上面镌刻着卷云纹等图案，朴素而美观的装饰与铺地的大方青砖相映成趣。

《宁古塔纪略》载："房屋大小不等，木料极大。有白泥泥墙，极滑可观。墙厚几尺，然冬间寒气侵入，视之如霜。屋内南、西、北接绕三炕，炕上用芦席，席上铺大红毡。炕阔六尺，每一面长二丈五六尺。夜则横卧炕上，必并头而卧，即出外亦然。橱箱被褥之类，俱靠西北墙安放……靠东壁间以板壁隔断，有南北二炕，有南窗即为内房矣。无椅凳，有炕桌，俱盘膝坐。"

满族家庭生活以炕为中心，其饮食起居都与炕分不开，所以对炕也很讲究。在盖房子的时候，也是先盖西厢房后盖东厢房。传统上有"西炕为大"的习俗。西炕为至尊的位置。家人不许坐卧，不在西炕进食，不许客人坐卧，不置放一般人的照片、画像，更不允许乱放狗皮帽子、皮鞭子等杂物。满族人家居室的西墙为供奉家中"祖宗板"（祭祀神位）之处，因此，西炕也称为"佛爷炕"，西墙上供奉的佛爷匣子是极为神圣的，一般人不能随便看。匣子里珍藏着本民族祖先、民族功臣及本氏族、民族尊崇的人物，还有宗谱，记载着家族历史的兴衰及祖先的功绩。所以炕上只摆设祭器供品。总之西炕是供奉祖先的圣地，不得随便触动。

满族长期生活在东北松花江和黑龙江下游的广阔地域。这里的地理气候条件、生产、生活方式以及社会发展水平决定了满族的民居特征，并逐渐形成北方少数民族特点鲜明的寝居习俗。为了抵御冬季风雪和严寒，满族先世肃慎人、挹娄人和勿吉人基本为穴居。女真族在形成初期，仍然沿袭先世的穴居习俗。随着女真社会生产力的不断发展以及中原建筑的影响，女真平民的住宅有了很大的进步。在广泛使用火炕取暖的同时，他们逐渐由穴居转向在地面建房。史书《三朝北盟会编》记载："其俗依山谷而居，联木为栅。屋高数尺，无瓦，覆以木板，或以桦皮，或以草绸缪之。墙垣篱壁，率皆以木，门皆向东。环屋为土床，炽火其下，相与寝食起居其上，谓之炕，以取其暖。"女真族的这一居住习俗，被后来的满族人所承袭。黑龙江文物考古队在黑龙江东宁县考古发现的靺鞨民居，皆为穴壁竖直的长方形半地穴式，面积小，在 15 平方米～20 平方米之间，室内砌有火炕。火炕用鹅卵石和石板垒砌，一般有两个烟道，走向沿西墙北段和北墙，呈曲尺状。炕面用石板铺盖，炕灶设在火炕的南端，门开在南壁中间。这说明满族的火炕可以追溯到很久以前。

满族的家具多摆放在炕上。南北炕的西头都摆放一个上下两层，双门对开的衣柜。满族的炕大，衣柜也大，一般高四尺，长四尺。与炕正好匹配。满族衣柜是用上好的红松木制作的，上面涂上暗红色的油漆，经久耐用。柜上镶有四个圆形黄铜制的大折页，颜色耀眼。在两扇柜门的中间，各镶有对半的大铜片。有的还绘有美丽的图案，别有特色。满族的衣柜既为实用品，又为精美的装饰品。门柜的横木上，放置一大块木板，小件的家庭用品都放置在搁板上，夜晚照明的灯也在搁板上闪闪发光。

好客的满族人家，进屋就是炕。室内摆设整洁明亮，南北大炕则为一家人饮食起居和活动坐卧的地方。在旧时，老少几代同居一屋，南炕向阳温暖，是家中长辈的坐卧位置，而最热乎的炕头儿位置则供家中辈分最高的主人或尊贵的客人寝卧。北炕为家中晚辈的坐卧位置。由于屋内大部分空间都被炕占据，所以，人们的生活活动主要在炕上。家里来客人，首先请到炕上坐。桌子置放在炕上，称为炕桌。平常吃饭喝茶，写字读书都是在炕桌上。孩子们抓"嘎拉哈"，弹杏核，翻绳等游戏也是在炕桌上。满族的炕上，还备有代表满族精湛工艺的烟盒子和烟袋，这是好客的满族人对客人的盛情款待。满族的火炕是温暖的，在冬天，还放置一个火盆。火盆用黄土烧制而成，盆沿上镶有小玻璃，年轻人围坐在炕桌旁，聆听长辈述说着祖先的传说。灶屋与卧室一墙相隔，干净、明亮、整齐。寒冬酷暑，妇女在室内进行织布的劳作。

朝鲜族室内的取暖设施是火炕。而朝鲜族火炕的特点也主要在炕面。浸透了油而发黄的、又光又滑的"炕油纸"铺在炕面上，显得干净爽快，而且容易擦拭。住家的油纸炕上，备有莞草席子或各种坐垫。按照习俗，老人坐卧在热炕头，年轻人坐卧在炕梢。长幼有序，非常和谐。

家具摆在炕上，称为炕柜。炕柜的正面和边角钉装金属饰

件，起到装饰和加固的作用。更讲究的家具用螺蛳壳和兽角镶嵌在漆器及硬木家具上，最普遍使用的金属饰件是白铜制作

炕 柜

的，这种从古代朝鲜就开始使用的白铜饰件，不仅显示了古代人民高超的冶炼技术，而且沉淀了朝鲜族的民族传统文化。炕柜白铜饰件的造型，以仙鹤图案最为普遍。栖息在吉林、黑龙江、朝鲜半岛的鹤，色泽黑白分明，姿态高雅悠闲，深受朝鲜民族的喜爱。被认为是吉祥、洁净、幸福、长寿的象征。而且，据古代文献《后汉书·东夷传》、《魏书·高句丽传》及《三国史记》记载，高句丽始祖高朱蒙，新罗国始祖朴赫居世等均为卵生。仙鹤白铜饰件装钉在炕柜上，象征着祖先的保护神日夜保佑全家的幸福平安，也表示对祖先的崇拜。在炕柜白铜饰件的图案中，出现了佛教中荷花、莲台、金轮、宝瓶的图案，道教崇拜的青龙、白虎、朱雀等的图案，以及各种寺、庙、庵、观的图案。炕柜白铜饰件在朝鲜民族广泛流传。此外还有炕桌，上面放了螺钿漆的炕桌，桌上摆有文房四宝。靠后墙，立着画屏，使屋子显得温暖、舒适。炕梢上，摆着桌子和各种器皿，甚至还有古玩和花草。

达斡尔族的"蔓子炕"

达斡尔族居室的南、北、西三面或南、东、北三面建有相连的三铺大炕，俗称"蔓子炕"。蔓子炕保温性能好，是达斡尔人冬季不可缺少的取暖设施。过去，达斡尔族的炕面大都铺苇席，也有铺桦树皮的，现在，很多人家铺上了人造纤维板。

与满族一样，达斡尔族人的居室以西屋为贵。西屋又以南炕为上，多由长辈居住。儿子、儿媳及其孩子多居北炕或东屋。西炕则专供客人起居。屋室内也有一横梁，是悬挂摇篮的地方。达斡尔族的传统居室具有草顶西窗、坚固耐用、冬暖夏凉和宽敞明亮的特点。

王府建筑

蒙古王府大都建立在清朝。一般选择山环水绕、环境优美之地，王府都规模宏大，色彩绚丽。著名的有喀喇沁王府。

喀喇沁王府占地约有一千亩左右，南北长约七百五十米，东西不足五百米，为长方形，共有宫殿房屋一千余间。大门三间为庑殿式建筑，前面有广阔的月台，两旁排列着兵器架，使人有一种威严的感觉。大门两旁有配房各三间，规模略小，也是磨砖对缝的砖木结构。西配房为处理旗民刑事案件的审判厅，正中设有王爷的宝座，背后有画着墨色云龙的围屏。东配房为王府税务所和值班人的宿舍，当中的一间为穿堂门。

喀喇沁王府

进大门下台阶，有长约二丈、宽五尺的砖铺甬道和二门相连接。二门内为第一进四合院，当中三间为宫门式的仪门，三门并列。仪门两侧有东西耳房和厢房各三间，都是砖木结构，筒瓦屋顶。东耳房为卫兵队长的办公室，东厢房为值宿卫兵的宿舍。西耳房和西厢房都是库房，里面放置着王爷乘用的大轿和仪仗等物。

仪门内为第二进大四合院，占地约在七八十亩，正厅七间，极高大，有七级石阶，中间的一间为过厅，两旁的三间通常设有隔断。靠北墙设有木制浮雕的佛龛，内供有数以千计的大小铜佛，佛灯昏暗，香烟缭绕，经常有喇嘛在此念经。西配房三间内供有"关老爷"泥像，骑马持刀，栩栩如生，塑工精细，似出自名匠之手。西耳房三间为王府的外客厅，内悬有巨幅"王府全景图",高约二米,宽约三米左右,占据着北墙的全面。楼台亭榭,远山近树,都很逼真。运笔清丽,着色鲜艳,虽系百十年前旧物,仍极有令人浏览处。西厢房五间为仓库,内有蒙古包的毡幕及骨架等百十副。西南角有一小门,可通到另一所院落。有北厅房三间,悬有"揖让亭"三字匾额,庭院宽敞,院墙颇高,系王爷的练武场。东配房三间为藏书处。东耳房三间,中为穿堂门,右边的一间为王府回事处,左为宿卫人员的宿舍。东厢房五间为王爷护卫的宿舍。西配房和西耳房连接的地方,有一角门,有细长砖铺甬道,直通院内。右边并列着三座垂花门,第一垂花门内有明堂五间,悬有历代王爷的画像,是王府的祠堂。第二垂花门内,有精舍三楹,构造极为精美,系王爷的读书处,牙雕玉轴,琳琅满架,听说贡桑诺尔布王在未驻京任蒙藏院总裁以前,大部分时间都要消磨在这里。第三个垂花门内,为小四合院,是王爷妻妾们的住所。左边有一月亮门,可以通第三进的大四合院。东西耳房和东西厢房连接,各有比较高大的宫门式的角门一座,可以通到东西两个大跨院。西边角门上挂着"印务处"三字红底黑字木牌(蒙汉文),内有正厅三间,系协理、管旗章京等的办公地;又有厢房五间,为笔帖式的办公室。有一间穿堂门,通到另一个跨院,有正房三间,为度支局,管理全旗的财政。西厢房三间,旁边就是王府的西门。和正房三间对着有一座垂花门,内有三楹四面带廊的花厅,东西厢房各三间,靠南面有八角亭一座。全院建筑都是玻璃门窗，画梁雕栋，色彩颇佳。庭院内有假山、上水石，除松柏外还种植丁香、桃、杏等树，规模虽小，然极尽园林之胜，为王府招待贵宾的地方。东边角门则挂有"管事处"的蒙汉文木牌，正房三间为王府总管的办公室，东厢房三间为王府的账房，旁边是东门（当地称为东大仓），账房后有瓦房十数间，为马厩及管理人员的住房及厨房。

由西耳房的穿堂门，可以进入第三进的大四合院，此为王爷的正营。有大厅五间，前面有月台，正中的一间内设有王爷的宝座，两排列着兵器架，有弓箭、鸟枪、腰刀等古代兵器，有百宝格，陈列着历代所收藏的古玩、玉器、钟表等珍贵物品，好像一座小型博物馆，佛像、佛画很多。西耳房三间，收藏着宫缎、宫扇、蒙古刀、御笔的福寿字等各朝代的御赐品。东厢房三间内收藏着王爷狩猎用的毡幕、兵器、仪仗、旗帜等。东耳房三间为军器库，内藏有各种新式枪支弹药，封闭极严。

旁有小门，能通到第四进的大四合院。东厢房共为八间，为勾连搭屋顶，都是半洋式的玻璃门窗，为王爷的住房、卧室、书斋、客厅和饭厅，互相连接，有弹簧床和沙发等近代用具，陈设也极华美。东厢房的旁边，又有一个角门，内有南北细长砖铺甬道，靠东面并列着几座垂花门，仍然都是小四合院，为王爷妻妾的住宅。右边一个垂花门，为戏台，挂有"演艺厅"的匾额，系乾隆年代乡绅殷德的笔迹。对面是看台，两

少数民族民居

楼两底，有游廊和戏台相连接。旁有精舍三间，为半洋式玻璃门窗，本为王爷看戏后的休憩之所。院内有高约数丈的松柏树，并有丁香、牡丹、芍药、樱桃、梨、杏等树，在塞外王府中，也极少见。由武器库旁的月亮门进入第四进大四合院，正厅为三间中国式楼房，构造颇精，悬有"承庆楼"三字的匾额。楼上下都供着佛像，绝少人迹。东西耳房各两间，东西厢房各三间，多用于库房及使用人的宿舍。院内有老松两株，枝干纵横覆盖全院。

东耳房旁边又有一"月亮门"，通到第五进大四合院。正房五间，无耳房，东西厢房各五间，虽系筒瓦房顶，在建筑结构方面，亦略有逊色。东厢房是管理人的宿舍，其他也都是仓库。西边有一角门，通到另外一个跨院，有三间瓦房，也供着关帝的泥塑像，其旁为广约五六亩的桑树园。后围墙外为王府花园，背后为山，多松柏树。花园基地约在五百亩左右，有很多楼台亭榭等建筑，因年久未修，大半颓废。花树掩映，清流蜿蜒，天然景物也颇有可观之处。花园的北边，有石窟三四，都以巨石砌成，极坚固，可能是当年豢养虎豹等野兽的场所。

喀喇沁右旗王府位于赤峰西约七十五公里的锡伯河庄，群山环绕，河水为带。王府前为阴山支脉（当地人称为平台子），层峦叠嶂，气势雄伟，如天然屏障。山上杂树丛生，每逢春夏之交，花开似锦，气象万千。山脚下有清澈涟漪的锡伯河缓缓地流着，游鱼可数，怪石纵横，又为王府平添了天然景色。锡伯河河北岸则为一片草原，富有蒙古情调的敖包屹立于正中。敖包上交叉着很多印有喇嘛经文的红绿旗帜，迎风招展，别有风趣。离敖包约二百五十米的地方，有古榆树一行（当地人称为九棵树），可能是原始林遗留下来的一部分。王府建筑是古代蒙古族劳动人民智慧的结晶。

昭庙建筑

随着喇嘛教在蒙古和中原内地的传播，西藏的建筑艺术和文化也在这些地方传播开来。清康雍乾时期，在蒙古地区及北京、五台山等兴建和扩建了许多寺庙，这些寺届都具有中原建筑艺术和西藏宗教建筑艺术相结合的特点。

昭 庙

五当召

藏式建筑的特点是建筑体积庞大，平屋顶，一般为2层～4层，主要突出其整体的神韵和气势。外墙面开长方形窗，形状上窄下宽。建筑材料基本上全用石料。其庞大雄伟的造型与其窄小深邃的门窗洞影相对比，更平添了整个建筑威严与气派。包头境内的"五当召"为典型的藏式建筑。

五当召

五当召依山而建，充分利用了有利的地形，中间是凸出的山色，两侧有山沟向里延伸，而随着山势的纵深，寺庙的布局也向里延伸。正面的层楼缓缓向上，随着山势的逶迤，两侧的建筑呈扇形，形成无限拉伸视线的宽阔效应。昭庙依托着山而有势，山因有昭庙而有情。山与庙之间形成了一种难以叙说的和谐美。

五当召平顶白楼，重叠壮丽，是典型的布达拉宫式建筑。历史上五当召的主体建筑由八大经堂（现存六座）、三座活佛邸和一幢安放本昭历代活佛舍利的灵堂组成。另有僧房六十余间以及塔寺附属建筑，全部房舍两千五百余间，占地三百多亩。现存的六大经堂为苏古沁殿、洞科尔殿、却伊日殿、当圪希德殿、阿会殿和日木伦殿。这些殿宇规模宏大，均为典型的西藏式建筑群。洞科尔殿是五当召的中心殿和灵魂殿，建筑规模最大。殿堂顶上装饰着法轮和卧鹿，法轮象征佛法无边，卧鹿象征众生向佛。底层前堂是诵经堂，立顶柱 24 根。后堂有12 根顶柱。

洞科尔殿内的系列壁画题材丰富、色彩鲜艳。其中的大威德金刚怒目圆睁，从各个角度看都生动活脱，呼之欲出，工艺精美，堪称一绝。佛教壁画充满了装饰色彩，壁画用线多用铁线描画，起落无大的变化。一般的绘画追求明暗阴影，焦点透视，立体层次，而昭庙壁画的画面处理以勾线平涂为主，讲究夸张和变形，常常采用装饰性手法。其装饰性不仅仅表现在庄重的佛像与活泼变幻的装饰图案的配合上，还表现在其技法的夸张和变形上，所表现的对象往往是从整体出发，质朴粗犷。

诸殿内的佛像也造型奇特，制作精美，金光夺目。慈祥端庄的弥勒佛、救助众人的观音和文殊菩萨都使人感到佛教艺术的辉煌。三座活佛府邸在上述阿会殿的南面，此府邸是第二世活佛热西尼玛于 1784 年（乾隆四十九年）所建。其左右便是接待多伦诺尔汇宗寺甘珠尔瓦呼图克图和章嘉国师等两位呼图克图而建造的两座府邸。据《蒙藏佛教史》记载，五当召"在萨拉齐西五当沟内，班第达呼图克图驻此"。整个建筑均为平顶方形楼式结构，上窄下阔，外表洁白，层次分明，错落有致，可谓别具一格。

汉、藏结合式昭庙

汉藏结合式建筑的特点是，既有藏式昭庙的殿宇，而殿宇前端又吸取汉式大型柱廊的结构，呼和浩特著名的席力图昭在总体布局上均采取了这种方式。呼和浩特著名的大昭寺高大宏伟、装饰瑰丽。庭院中安放着一件清代铸造的香炉，香炉上铸有蒙古工匠的名字。内蒙古大昭寺内壁画上的迈达里佛风度典雅，神采飘逸，宛然一位具有翩翩风度的学者。更有趣的是，乌素图昭内有文武财神的画面，一个叫苏力德，一个叫那木斯勒。他们一个骑马挎箭领着狗；一个骑狮拿幡，手中的幡是摇钱树。画面上的文武财神都脱掉了常有的盔甲，服饰上饰有长长的飘带，亦人亦神，亦幻亦真。乌图素昭绘制的众多神像中，还有穿蒙古袍和戴铜盆圆帽的。神像威武雄壮，体魄健美，似为牧人精神气魄的传神写照。画面上也常勾勒出牛马牧群，这些出自草原工匠的绘画，构成了草原彩画特有的情调和氛围，显示出草原特有的生命力。

承德"外八庙"之一的安远庙正中为主体建筑普度殿，平面呈回字形，是蒙族寺庙中常见的"都纲法式"。其整个结构打破了汉式寺庙坐北朝南伽蓝七堂的传统建筑布局，在风格上明显地保留了原固尔扎庙的民族风格，堪为蒙、藏、汉文化结合的结晶。

百灵庙

百灵庙是另一座内蒙古地区规模宏大的古庙。庙中共有殿堂10座，其中有些殿堂近似内地宫殿里的大殿结构，还有一些建筑物则是藏式平顶白墙建筑。这些建筑中，苏古沁大殿（大雄宝殿）是该寺最大的殿宇。该殿是三座连串逐级降低的建筑，每座殿顶置有象征佛法的塔形甘迪尔，东西两端有日月相照的赤铜甘迪尔。苏古沁大殿南面是却日殿（经堂），这里是学习、教学的经殿。却日殿东南隅是朱德布殿（城隍庙），为喇嘛们诵经超度冤魂的殿堂，堂顶置有黑色石块为镇压物。苏古沁大殿东邻的是洞科尔殿（时轮殿），为学习时轮、数学部的经堂。苏古沁大殿西侧为学习医学的门巴殿，东侧为研究天文的吉如海殿。"汉藏结合的基本特点，是在藏式大经堂的基础上，更多地应用和强调了汉式建筑形制中的歇山顶和廊柱环绕的副阶周匝形式，檐下也采用了汉式传统的斗拱、彩绘等装饰。"

美岱昭

所谓城寺合一式即融城市与寺庙为一体，总体布局类似一座堡寨式建筑，与内地一些城池结构相似。寿灵寺位于今包头附近美岱昭乡境内。《云中处降录》写道："全（即赵全，内地到蒙古地区的学者）为俺答建九楹之殿于方城。"美岱昭的总体平面布局为一不规则的正方形，建筑群四周是用大块鹅卵石垒砌的城墙，正面有城楼，城楼四角有突出的马面。院内主体结构以中轴线为准，城墙四角建有角楼，南墙中部开设城门，上部建有城楼。院内殿堂有大雄宝殿、三佛殿、乃琼庙、八角庙、太后庙、活佛府和公爷府等。两侧有附属建筑。整个建筑布局、造型、玻璃、石雕等都具有历史、科学和艺术价值。现在，美岱昭遗存的唯一文字实物，即是城门上

北京妙应寺白塔

方镶嵌的一块石匾，上面记载了阿勒坦汗之孙媳五兰妣吉于明万历三十四年（1606年）起盖灵觉寺泰和门的事实。据此可知，美岱昭是俗称，其原名为"灵觉寺"。后来到清代康熙年

间才更名为"寿灵寺"。

喇嘛塔

喇嘛塔，亦称覆钵式塔，它的塔身部分是一个半圆形覆钵，覆钵之下，建一个高大的须弥座，上安置圆锥形塔刹。其著名的有北京妙应寺白塔、呼和浩特的五塔寺及席力图昭的白石塔。妙应寺白塔造型优美，富于层叠变化。塔座与塔身之间由24个莲花瓣组成，覆钵上端又砌一小须弥座，上部为圆锥体的相轮，顶部为一大华盖，华盖中央有一空心铜鎏金塔刹。元代碑文中写道："非巨丽，无以显尊严，非雄庄，无以威天下。""制度之巧，古今罕有。"

呼和浩特五塔寺建筑在正方形的台基上，由上下两部分组成，下部为金刚宝座，上部有五个方形舍利宝塔，金刚座下面为须弥座，宝座与小塔的高度几乎相等，给人以庄严稳重之感。

西北地区少数民族民居

　　祖国辽阔富饶的西北边陲生活着回族、维吾尔、柯尔克孜、哈萨克、塔吉克、俄罗斯、塔塔尔、东乡、土、撒拉、保安、裕固等少数民族。

　　横亘中部的天山山脉将新疆分为气候差异十分明显的南疆和北疆。南疆气候干燥炎热，北疆气候凉爽，迥然不同的生态环境，把人们生存方式分为不同的类型，从而形成了新疆民居鲜明的特色与多元化的状态。新疆民居建筑及其文化特点，是人们努力适应当地生态环境的结果。其居住文化在漫长的历史发展过程中，既吸收了汉民族的特色，又受中亚、南亚及阿拉伯各民族文化的影响，表现出西域文化的特征。

维吾尔民居

　　维吾尔族主要居住在我国南疆，长期过着绿洲灌溉的农业生活。充足的水源，优良的土质，不仅使其农业获得长足的发展，而且使这个古老而又充满生气的民族在建筑文化上不断创造，别具一格。

"阿克赛乃"与"阿以旺"

"阿克赛乃"是新疆地区维吾尔族广泛采用的、部分屋顶敞开的建筑。这种民居的结构是在较小的庭院的四周房屋上，沿内侧周边延伸屋盖，与外廊建筑有机地组合在一起，形成较封闭而又露天的场所，在阿克赛乃内生活劳作，比庭院和外廊更为亲切和安静，是一种巧妙的将室内、外融为一体的别致的建筑形式。

"阿以旺"是维吾尔民居享有盛名的建筑形式，维吾尔语意为"明亮的处所"。从结构形式上看，它是在阿克赛乃原敞开的露天部分上面，加侧面天窗及屋盖围护构成，这样就形成一个高大宽敞、明亮通畅的大客厅。与阿克赛乃相比较，既具备了遮风雨避阳光功能，又不失采光通风的要求，与现代居室的大客厅颇为相似。阿以旺宽阔的空间，是接待客人、喜庆聚会、举行小型歌舞活动的地方。

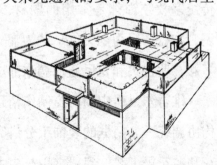

维吾尔族"阿克赛乃"

无论是阿克赛乃还是阿以旺的民居形式都完全适应

少数民族民居

维吾尔族"阿以旺"

当地严寒酷暑及温差大的气候条件，具有十分鲜明的民族特点和地方特色。

维吾尔天棚与门窗

维吾尔民居非常注重天棚和门窗装饰，具有鲜明的民族特色和悠久的民族传统。木结构屋顶的传统形式是顶棚为檩木，上面密铺椽子。梁檩本身即为天花板的构成部分。最普遍的做法是在外露的木梁上，采用半圆截面的小椽条密铺拼装天花顶板，民间工匠利用椽子的粗细，巧妙地安排层次及排列方向，构成了错落有致，明暗相间的顶棚。

另一种方式称为木板拼花式天棚，即在椽条上面钉木板，再以小木条压缝拼花，组成条状或其他几何形状。还有称为"满天彩"的彩画天棚，花纹图案丰富多彩。美丽的花卉以及传统宗教纹饰都是常用的题材，彩画着色以相近的颜色为主调，如蓝、绿为主，红、黄为辅，并灵活变化。整幅图案绚丽多彩，明快柔和，民族情调浓郁。

维吾尔民居中的门窗制作精致，既为房屋添彩又与整体结构协调统一。门框的装饰十分讲究，往往采用刨线、镶边、刻花和贴花等工艺。门扇常用花棂木格扇和实木板扇。用刨线或雕刻制作各种图案，最常见的有弯月、石榴等样式。传统木窗的形式为木栅窗、花板窗和花棂木板窗。木栅窗是用预先准备的木栅条固定在窗框内制成，花板窗是用预先准备的花板固定在窗框制成，花棂木板窗则是两种方式的组合，它图案严谨，花式众多，结构缜密。古老的整体式镂空花板是在整块木板上镂刻的，密拼花板也是较古老的窗式，制作工艺复杂，具有较高的文化品位，既有实用价值又具美学价值。别具特色的门窗既为房屋增添了色彩又与整体结构协调统一。

独特的"拱拜子"和精巧的外廊

维吾尔族建筑与装饰中大量使用的尖拱，民间俗称"拱拜子"。在维吾尔族居住的走廊拱券、壁龛、壁炉、门框套、外廊柱头、托梁等处都普遍使用这种造型，石膏饰件和图案轮廓也处处采用尖拱。从结构力学原理出发，城楼的门洞，桥梁的拱洞，窑洞的门窗，都需要做成拱。信仰伊斯兰教的维吾尔族使用尖拱，不仅是形式上的需求，而且具有更深刻的宗教文化内涵。在伊斯兰起源地，将拱门造型的场所用作阿訇颂经宣礼处，将"米合拉甫"作为祈祷神圣的象征。这个造型得到宗教的认定并程式化后，成为宗教建筑的符号。信仰伊斯兰教的各族人民很自然地将其移植到民居建筑中，并形成了一种固定的民族建筑风格。

在典型维吾尔民居中，外廊不仅是整个建筑重要的组成部分，而且是维吾尔民居装饰中最华美的部位。造型优美的外廊不仅尽显维吾尔的民族风情，而且包含丰富的文化内涵。它与欧美建筑及汉族建筑中的走廊不同，外廊进深2米~4米，而且设有"束盖"（地炕），除严寒冬季及风沙天气之外，是一家人户外活动的主要场所。在外廊的炕上设有龛式炉，做饭用餐就在炕上。外廊在夏季可以乘凉，冬季又是晒太阳的好地方。

维吾尔族民居

木柱是外廊的主要组成部件，是由柱身、柱头和柱脚组成，三者和谐又富于变化，构成了一个完美的整体。各种柱子的细长比及分段比例没有规律，除少数木柱置于鼓形石杵上，一般都直接落地。柱身的断面形状有圆、方、八角，异形截面和花式柱。在同一根木柱上，断面形状可以自由变换。如方柱脚，八角柱身，圆形柱头，中间以简单线条或横向图案过渡，协调自然，形象生动而富于变化。柱身的装饰以雕刻为主，镶贴为辅。柱头是结构造型最为复杂的部件。托梁是柱头的主要部分，较早期的托梁为简单三面雕刻的曲线形状，如尼雅出土的托梁，这种装饰件已使用了千年以上。

外廊的檐部也很讲究。檐头从结构上，可分成明挑檐和暗挑檐。明挑檐在外廊的建筑中，常应用于正门入口处。用木板将木檐封闭起来，称为暗挑檐。外墙式建筑的廊檐，集中表现维吾尔民居的特色，它分为平直式檐及拱券式檐，前者的檐部为木檐明挑式和封板暗挑式，后者则在平挑檐下面装饰拱券。拱券形式可为半圆拱、垂花拱、尖拱、复式拱和深拱，在拱肩中既可镂空也可填充各式花板，有时在拱和木柱上部钉木板条或苇箔，涂抹石膏，雕石膏花纹或制作彩画。外廊不仅建于平房内，在两层建筑中也兴建双层的外廊。现在，坐落在宽阔的果园里的农村住宅，出现了两侧外廊，这样可以使视觉更加开阔，可谓匠心独具。

适应地理环境和气候特征，是维吾尔民居建筑的优秀传统。维吾尔民居建筑历经数千年的演变，依然保留了厚草泥屋顶，用生土或生土制品筑成厚实的外墙拱券，保持室内冬暖夏凉。内陆气候干燥，风沙大，气温高，为了防寒避暑，维吾尔民居的突出特点是内向和封闭，外墙高大而不设窗户，或者仅设很小的窗户。南疆和东疆的民居大多有冬夏用房，冬房封闭性好，夏室则开放性强的特征。维吾尔族民居具有鲜明的民族特色和地方特色，是我国民居文化的一朵奇葩。

土房民居

新疆的维吾尔、哈萨克、柯尔克孜、乌孜别克、塔吉克、塔塔尔聚居于欧亚大陆的中心，远离海洋，属于干燥的大陆性气候。回族、东乡族、保安族、撒拉族聚居的宁夏、甘肃、青海等省和自治区大部分地区也属于干燥的大陆性气候，他们创造了多样的土房民居。

回族的土房民居

回族人口分布广泛而分散，是我国少数民族中散居、杂居程度最高的民族。据不完全统计，回族在我国95%以上的地、市、县都有聚居。其中在甘肃、宁夏、青海、新疆等地分布也很广泛。居住的房屋有高房式与平顶式的区别，但都围成一个封闭的院落。

在西北地区世代生活的回族，典型的民居形式是平顶房，打的是土坯墙、夯土墙，呈一面排水形式。民居多坐北朝南，一字形排列。在青海、宁夏地区生活的回族盖成了生土建筑的

回族民居

平顶民居，为了追求更充足的阳光照射，通常要高出地面一尺多。廊檐比较宽敞，有的有护栏，有的没有护栏。而甘肃回族民居的房基地较高，廊檐同样比较宽敞，廊檐上的立柱鲜艳夺目。在黄土高原地区居住的回族则多住窑洞。

较有特色的是新疆回族的民居。新疆回族的民居主要以平面结构为主，根据不同情况，创造出不同的经济实用的平面类

回族窑洞

型。俗称"虎抱头"的民居为一种"┏┑"形的平面组合，中间可建数间房屋，两端用柱廊连接。俗称"钥匙头"的民居为"┓"形的平面组合，这种结构可灵活变化，根据人口的多少决定房屋的大小。俗称"一颗星"的民居，是一种内设天井的平面形式，它围绕天井四面建房，门窗都朝天井开，营造出封闭而安静的生活环境。一般常用的"一明两暗"和"一明三暗"即为一字形平面，其结构简单，施工方便，朝向好，经常为平常住户所采用。早在13世纪，就有波斯人、阿拉伯人迁移新疆，还有从新疆东部过来的回族人，他们的民居建筑具有鲜明的西亚以及阿拉伯的特色。

　　建筑不仅是物质生活的载体，也是民族精神的体现。回族房屋的特征除了平顶之外，第二个特征是围寺而居。回族大多信仰伊斯兰教，他们在固定的时间到清真寺去做礼拜，因此在建造房屋时，采取"围寺而建"的原则，他们往往以清真寺为中心建造居室，这样就围绕着清真寺而形成大的聚落。

东乡族、保安族和撒拉族土房民居

同样信仰伊斯兰教的东乡族、保安族和撒拉族的房屋各具

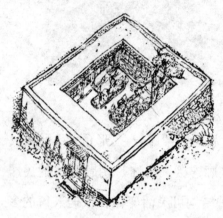

西北回族民居

特点。东乡族相对集中聚居在甘肃省临夏回族自治州，这里属于高寒贫瘠地区。东乡族把院落称为"庄窠"，把房子称为"格"，把上房称为"富个格"。庄窠多依山而筑，用高达丈余的土围墙围起，房屋颇具气势。二

为四合院的形式，院内的房屋有的一面墙，有的两面墙，也有三面，四面墙的，最为理想的住房是四合院。上房坐北朝南，一般为一明两暗的三间屋，上房讲究"包沙"，"沙"是指屋檐下的台地，"包沙"是将两边窗下的台地都要包进屋内。

撒拉族主要居住在青海省循化撒拉族自治县，周边地区也有少量居住。撒拉族人民的传统家族观念浓厚，有血统关系的族人一般住在一个村落里。血缘关系在撒拉族的聚落文化中起着重要的作用。此为特征一。撒拉族的民居一家一院，用围墙围起，称为"庄廓"。正房为坐北朝南，处于庄廓的中轴线上。房屋的地基一般高出地面两尺左右，房屋为中国传统的木构形式，正面中间的两根立柱粗大结实，与梁、枋、椽构成完整的

屋架。与一般汉族房屋不同的是前出檐明显的长，在檐下形成了一个一米多的檐廊，檐廊冬暖夏凉，撒拉族居民可以在这里从事各种生产社会活动。此为特征二。保安族的房屋同样是土木结构，挑檐的房屋平顶无瓦，出檐的房屋多设一道檩柱，其特点为：一有檐廊，二窗户较大。

塔吉克族的土房民居

世世代代居住在帕米尔高原的塔吉克族人民，过着固定的牧业生活。塔吉克人的村庄，一般坐落在冰山谷地的河边，其住宅是正方形的低矮的土木建筑。因为帕米尔高原雨水稀少，屋顶无须排水，所以屋子都是平顶。为了预防雷电，他们就地取材，将遍地皆是的云母片掺和在泥土里，铺抹在平屋顶上。屋顶在阳光的照射下，反射出五彩缤纷的光芒，形成了帕米尔高原上一道奇异的风景。平顶房的房门，都开在朝东一侧的墙角上，据说，门朝东的遗风与拜火教崇拜有关，实际上是由于横贯帕米尔的萨拉库勒峰，是东西走向，当地多刮西北风，门朝东可以起到避风的作用。进入塔吉克人家的房屋，发现四周的墙壁平展展的，没有窗户，只在屋顶的中心开了一个一米左右的长方形的天窗。天窗的下面是做饭的炉灶，天窗可以开启闭合，既能充当烟囱，又可采光避风。房屋一般为两间，大间住人，小间作储藏室。大间以炉灶为中心，靠墙的四周，筑起一圈约半米高的土台，上面铺着羊毛毡子，整齐地堆放着被褥，是家人睡觉的地方。一般是老人和客人睡在靠门的一边，晚辈们睡在里边。

迄今为止，不少塔吉克人依旧住在原始的土屋内。从远处看土屋，与荒漠的帕米尔高

塔吉克民居

原浑然一体。近看土屋，除顶棚是用黄泥抹成之外，周围的墙体全由龟纹形的土坯砌成。这些龟纹形的土坯原为河滩低洼处沉淀的黏土，经过河水的浸泡，人工的搅拌，阳光的干晒，变得十分坚固，按照需要做成土坯的形状，这种用龟纹形的土坯砌成的土房是帕米尔高原独具特色的建筑，虽然很"土"，但很别致，适应帕米尔高原独特的气候条件。帕米尔高原是有名的风口，此时土房成为人们理想的避风港。因为土房的封闭性极强，盛夏之时，室外燥热难忍，土屋内凉爽无比；严冬之日，帕米尔高原成为冰雪世界，土房一米多厚的墙体，温暖的炉火抵御了高山严寒。居于新疆的乌孜别克族和塔塔尔族也住土房。

维吾尔族土房民居

吐鲁番维吾尔族的民居是土木楼房，这种楼房为两层，底

层可以为半地下室，也有的建在地面，均为土拱结构。土墙用土坯砌筑，70厘米厚，少数可达1米。下层一般5米~7米开间，等跨并列，但也可垂直分布，其结构形式与尺寸都很随意。为了适应二层房屋前檐设廊子，甚至前后檐设廊的需要，底层的进深很大，一般在8米~16米。半地下室一般向前院开

交河故城

高窗，室内串开套门，整个地下室或半地下室，多数只开一门对外。二层楼为土木混合结构，前檐设木柱廊子，并设置60厘米~90厘米的木栏杆。廊内做木板地面，前廊放木床供夜宿使用。后廊是房间与后院，花园的过渡空间，也是风干晾制过冬瓜果的地方。

　　半地下室的二层楼房是吐鲁番民居典型的传统形式。这种建筑单元包括前室、客房、餐室、冬卧室。前室是一个小开间，开双扇门，人们在此更衣、换鞋，也是整个单元的连通地，经过它出入客房和冬卧室，又沟通前后院落。前室具备夏季隔热，冬天防寒，隔离大风的作用，室内装修简朴，仅作白

色粉饰。客房是建筑中面积最大的房间，室内装饰精细，陈设布置讲究，作为日常与节假日招待客人的地方。通过前室进入房间，房间一般设在左侧，横向布置，两开间或三开间，房间开两面或三面侧窗，橙窗的外层是双扇外开的木板窗。早晚开启，换气通风，中午关闭，防止热空气进入房间。窗台低矮，45 厘米~60 厘米高，窗洞做成喇叭状，以提高采光能力。这样的构造型式是适应吐鲁番"赤日炎炎似火烧"的特点而产生的。

居室布置及礼俗

西北民族注重室内布置，不同的民族又有不同的特点。

维吾尔族的火炕、壁龛、家具

维吾尔族讲究室内布置，他们有居火炕的习俗。土炕在新疆民居中不可缺少，它是用土壤堆筑的实心炕，炕上铺席子，再铺毛毡、地毯。土炕是居民休息、娱乐、劳作的重要场所。民居中，外廊与土炕在结构上融为一体。土炕的进深一般为三米左右，其上铺设地毯，夏季可乘凉，冬季晒太阳取暖，平时招待客人。

在外廊的土炕上大多设有龛式炉，做饭用餐就在炕上。龛式炉的炉膛较宽，上端烟囱通到屋外，主体部分做成半圆形或矩形，炉腹部分嵌入墙内，称为龛式炉。对生活充满热爱的维吾尔族讲究龛式炉的装饰，炉口上部做成各式各样的拱顶形，给人以鲜明的立体感和炉火带来的温馨。龛式炉的造型至今已经流传两千年。

走进维吾尔族的居室，你会感到敞亮、明净。壁龛在维吾尔民居内很有特色。维吾尔族的外廊及各个房间都有壁龛，大的壁龛可以放置衣被，小的壁龛组成壁龛群，可放置瓷器、铜具、花瓶等物品。壁龛的主要造型为拱形，配合使用矩形、半圆形等。虽然形状各异、大小不同，但是装饰华美的壁龛把人带到了一个民间艺术的世界，而且壁龛腾出了人的生活空间。墙壁挂满琳琅满目、色彩鲜艳的挂毯，编织工艺在新疆各民族有数千年的历史，堪称民族传统文化的瑰宝。

吐鲁番维吾尔族在主要房间前设置一个很宽大的土炕或木床，为日常的活动中心，供人们就餐，待客，是老人孩子活动及娱乐的场所。吐鲁番维吾尔族屋内设大小壁龛多处，用壁炉或火墙采暖。室内铺满地毯、地毡，或在房间后半部铺地毯。通过前室进入餐室、冬卧室。房间一般设在右侧，室内设壁炉，火墙或火炕，冬季一家人在这儿烧茶、做饭、用餐。房间的后半部或炕上铺地毯，墙裙挂布围。冬天全家主要成员在此住宿，因此又称为冬卧室。

如有客人来，维吾尔族家庭总是有礼貌地问候，然后双手摸须，后退一步，右臂抚胸，再向对方的家属问安。妇女在问

【少数民族民居】

西北地区少数民族民居

候之后，双手抚膝，恭身请客人进屋。主人会给你摆上丰盛的果类食品，客人要跪坐，禁忌双腿直伸，脚底朝人。当主人热情地把美味的食品递给你时，你一定要双手去接。在家宴上，多情豪放的维吾尔人会载歌载舞。

乌孜别克族的土房室内墙壁分布着大小不同的壁龛，摆放各类物品。屋内使用火塘取暖。乌孜别克族的火塘独具特色，可以将褥子放在火塘上，把腿放在褥子下面取暖。屋内筑有炕，炕上放木板，木板上铺毯子，供人们坐卧，招待客人也是在炕上盘腿而坐。

回族、撒拉等民族的室内布置

回族是一个非常爱洁净的民族，他们的住房分为客厅、上房、居室和厨房。上房是接待客人的地方，也是老年人做礼拜的场所，因此布置十分讲究。屋内一般都有通长的大火炕，上面铺地毯，侧面摆被褥，并摆放炕头柜。回族的室内大都有浴室，有的浴室虽然比较简便，有的也很讲究，并备有小壶、汤瓶、吊桶等。穆斯林民居反映出其信仰特色，伊斯兰教信奉安拉是宇宙独一无二的神，是主宰万物的无形力量。他们往往用挥洒自如的阿拉伯文书法和饰有伊斯兰特征的克尔拜挂毯及中国传统的山水画（无动物）来美化居室，而不设置人物、动物的画像或塑像。有的在居室的门楣上方贴有用阿拉伯文书写的"都哇"，据说有治病驱邪之功。在经常做礼拜的地方专置礼拜用品，如拜毯、拜巾、衣帽盖头、"泰斯比海"（礼拜用的串珠）、"泰斯达尔"（礼拜时男人缠在头上的一种装饰品）等，这些物品不能同其他衣物放在一起，以表示其尊贵和洁净。居室内的床铺忌迎门而置，睡觉时注意头向西边，朝向圣地麦加。

信仰伊斯兰教的撒拉族民居的院落的大门不与正房相对，或者在门后建一个影壁。院落中的大门、房门、窗户、梁柱、枋檩等均不作油彩粉饰，保持木材的本色。与西北地区其他民族一样，撒拉族屋内设火炕。居住在甘肃临夏地区的保安族的民居与同地区的回族一样，住平房，睡火炕，讲究清洁，待客热情。

回族、土族、撒拉族都具有尊老爱幼的习俗。在家居文化上，也为老人特地准备了活动的空间。伊斯兰教以西方为尊贵，老人住在西屋，炕上西边为上首、上坐，也是老人坐的地方。平常要尊重老人的活动，老人做礼拜的时候，切忌别人从旁经过。

西北少数民族有注重礼节和热情好客的传统。来到一个家庭，主人会请你上炕平坐，并献上盖碗茶。盖碗很讲究，雕刻有双龙、花卉等各种图案，盖碗里有清香的茶叶，而且要加冰糖，还要沸腾的牡丹花开水冲茶。冲茶用的是用黄铜或者红铜制作的精制的茶壶。茶醇甘甜，香飘四溢。主人还会用喷香的炸油香和手抓肉招待客人。按照过去的传统，主人不和客人一起饮茶用饭，而是站在地下端茶倒水，殷勤招待客人，现在在待客方式上他们有了变化。

毡房及毡房生活

毡　房

哈萨克族、柯尔克孜族、裕固族过着传统的游牧生活，活动空间在河谷山间的广阔草原，主要分布在新疆北部的巴里坤草原、阿勒泰山川、伊犁河谷及额敏河、玛纳斯河、额尔齐斯河流域，这里丰茂的天然牧场，养育出负有盛名的新疆细毛羊、伊犁马和阿勒泰大尾巴羊。为适应牧业生活和保护草场，牧民们经常要迁徙，所以毡房是这些民族主要的居住形式。

别致的毡房

哈萨克人居住的白色毡房，分布在广阔的草原上，宁静而优美。牧民构筑毡房所采用的原料都是就地取材，使用最多的是草原上特有的红柳、芨芨草、羊毛或牛毛制作的绳子以及毡片等。毡房由围墙、房杆、顶圈、房毡、门等五部分组成。围墙一般由四片栅栏墙架围成圆筒形状，直径在4米～5米。栅栏墙由长度为1.8米～2.5米的扁圆形挺直树条，分两层斜交叉连接组成，杆与杆的连接处钻孔并用马皮细绳穿通和打结，所以栅栏墙架可以折叠。按照栅栏墙架的结构可以分为宽眼栅栏和窄眼栅栏，宽眼栅栏又叫"风眼"，重量轻而便于搬运。窄眼栅栏又叫"网眼"，结构坚固而抗风能力强。

毡房

房杆是直径5厘米，长度2米～3米的树条，一端围成浅弧形做成的撑杆。搭建时把弧形端头用毛绳绑扎在栅栏墙架的两支架的交叉处，另一端插入顶圈的孔眼内。顶圈是用直径5厘米的树杆围成直径为1米～1.5米的圆圈。在圆圈上支2对～3对细树条，形成凸起的穹窿状。顶圈范围是毡房顶部盖顶毡的位置，在顶毡的中央开一个天窗，其上安一活动毡盖，白天揭开可以通风和采光，夜间和风雪天盖上，可以避寒和阻挡风雪。它也是毡房的窗户和炉灶烟囱的出口。随后，用芨芨草杆编成与栅栏墙架等高的草帘，并沿栅栏墙架圈围，然后在它的外边再围上围毡。接着在撑杆上铺盖篷毡，篷毡底边缝制成弧形，正好整齐地罩在栅栏墙架的顶部。围毡，篷毡和顶毡都要系上宽窄粗细不同的绳索，挂在顶圈上的绳索抻往地面并绑在木桩上，使毡房抗御大风的能力增强。最后安装木门，为了预防风雪严寒，木门一般仅1.6米上下，门距离地面也较高，门多开向东南，以避西北风，门外挂毡帘子。

毡房的布置及待客习俗

游牧民族逐水草而居，简洁方便的毡房虽小，但是功能齐全，孩子的学习，欢乐的婚礼，群众的集会也都可以在毡房内进行。

毡房内的布置及陈设有传统的习俗和习惯。居住、待客、堆放物品、炊事等区域划分十分清楚。进入毡房靠近中心的位置设火塘，或安放铁皮炉，这是取暖做饭煮奶茶的地方，做饭煮肉放置锅架，煮奶茶放置三角架。进门的右边前半部，储藏食品和摆放炊具及器具，涂漆的木盒木碗、木制镀银的碗桶、制作酸奶子和马奶酒的皮囊。进门的右边后方是主人的床位。进门的左边是晚辈儿媳的床位，并放置马具和打猎用具。毡房后边铺有地毡或火毡，上面铺花毡，这是招待客人及客人晚上睡觉的地方。哈萨克族睡一种"曲头床"，这种床很特别，床头为曲形，床板横放，床面上雕刻着花纹图案。毡房的正上方摆着盛有衣物的木箱，左边紧挨着放置垫桌和被褥，并用带刺绣花纹的布单子或羊毛编织的花单子覆盖着。木床都是精心制作的直木床和弯头木床，床前挂着红绸帷幔。靠近床铺的栅栏围墙上挂着精美的手工制作的壁毡和壁挂。毡房内多处摆放着用柳树或白松制作的"巴汉"，这是带有支勾的并涂上各种颜色的木杆。放在床头的巴汉，用来挂衣帽，皮带和镜子；门边立的巴汉，可以挂羊肉;巴汉上还可以挂各种炊具。

哈萨克族和柯尔克孜族的小孩都睡摇床。哈萨克族的摇床是长方形的小软床，床腿呈月牙形，上面两端用两片小木板拱成弓形的床头架，形似两道门，然后再用一条横木把两头衔接起来，就是床了。母亲把小孩放进摇床，可以腾出手来做家务。将小孩子放入床上时还要举行摇床礼。孩子要在母亲婉转深情的歌声中入睡。

柯尔克孜族和哈萨克族很注重室内的布置和装饰，不论是传统的毡房，还是新兴的土木房，屋壁都挂着巨形的挂毯和帷幔。进入柯尔克孜族的毡房，迎面有挂毯，挂毯显示了柯尔克孜人对民族英雄玛纳斯的崇拜。柯尔克孜人把室内布置得干净整洁，美观漂亮，床有床帷，炕上铺花毡，花毡上铺坐垫。靠门的墙上备有衣架，衣架上挂着带刺绣图案的盖布。门上挂着精心编制的门帘，窗户上挂着绣花窗帘。夏季门帘和窗帘则使用芨芨草精心编制的草帘。随着社会的发展，现在柯尔克孜人的居住条件有了很大的改善，有的已经住上了土木或砖木的房子，但是依然保留着游牧民族的习俗与传统。

有客人来，他们要用小巧玲珑的阿不都瓦壶招待客人洗手，阿不都瓦壶比茶壶小，便于携带，据说是 1800 年前从阿拉伯传入的，这种壶用水少，洗得干净，也很卫生。主人要唱迎宾歌曲，请客人坐在布满美丽毡毯的毡房里，摆出丰厚的奶制品招待客人，正餐要杀羊，他们恭敬地向客人敬酒，房里充满欢笑的歌声。

追逐水草的迁徙

从事牧业的哈萨克族、柯尔克孜族居住文化特点是适应其牧业的生活方式。牧业的产品是牲畜，牲畜的存活依靠水草，而要保护草场，就不能在一个地区放牧。一年四季按照草场生长状态，要将牲畜转场几次，其住居也随畜牧生产的

毡 房

要求而安置。春牧场选择水草丰盛的阳坡，牧民们此时进行接羔与育羔的工作，有时，接羔的事情要在毡房内做，时间

一般在三月到六月。夏牧场选择在水草丰盛，树木成荫的山区，毡房安置在阳坡或树林旁，绵羊多放在阴凉的草场，骆驼野牧在平坦的碱性草场，此时主要进行的活动是牲畜抓膘、剪毛、撮绳、擀毡、熟皮子，加工奶制品，制作冬装，做好过冬的准备，时间一般在六月到九月。秋牧场选择在因冬季大雪而无法放牧的山区草场，主要进行的生产活动是牲畜抓膘、保膘、配种，制作新毡和用新毡替换旧毡，整修冬牧场，时间一般在九月到十一月中旬。冬牧场选择在雪少，草多，避风的阳坡，放牧小牲畜，牛群放牧在近水避风的芨芨草草场，马群放牧在有雪的山区，骆驼放牧在有骆驼刺的平坦草场，时间一般在十一月到下一年的三月。每次牧民们转场搬迁时，先由男人勘察新牧场的状况，以便确定新牧场的位置，总之夏季要设在高坡通风之处，避免潮湿；冬季要选择山湾洼地和向阳之处，寒气不易袭入。牧人说：搭盖帐幕时要选择靠山高低适中，正前或左右有一股清泉流淌的地方。牧人还认为：东如开放，南像堆积，西如屏障，北像垂帘。牧人也讲堪舆学，堪舆学的一支讲对"势"的追求，牧人对毡房地址的选择就表现了这样的内容。

每次搬迁要搬走全部的生产、生活用具，包扎装运全由妇女承担，采用传统的骆驼和牛驮载的方式。由于经常的搬家，牧民们都练就了一手绑驮子的绝技，他们可以在很短的时间里，将整个毡房和所有的生活用具，用毛绳绑扎好，在漫长的崎岖山路的颠簸中，绝不会松散。每次转场启程时，驮载物件的牲畜和牛羊要从点燃的两堆火之间穿过，通常还有两位老婆婆站在火堆旁念："驱邪，驱邪，驱除一切邪恶。"搭盖毡房，邻里总是帮忙，像办喜事一样，体现了民族的团结互助的精神。其诗歌唱道：世上路走得最多的是哈萨克人，世上搬家最勤的是哈萨克人，哈萨克人的历史就是在转场中谱写的，哈萨克族的繁荣就是在迁居中诞生的。

清真寺建筑文化

伊斯兰教传入中国后，在长期的与中国传统文化交融的过程中形成了有中国特色的伊斯兰教文化。西北地区的回族、东乡族、保安族、撒拉族、维吾尔族、乌孜别克族、哈萨克族、塔吉克族、塔塔尔族、柯尔克孜族都信仰伊斯兰教，其体现在建筑上主要是清真寺文化。

清真寺

清真寺在阿拉伯语中称为"麦斯吉德"，原意是磕头、礼拜的意思，意为"敬拜真主的宅地"。公元 610 年，伊斯兰教先知穆罕默德在麦加弘传伊斯兰教，并于公元 630 年掌握了守护克尔拜圣殿的权利，废弃了多神教，把"克尔拜"改成了全世界穆斯林一年一度朝觐的圣地。明清时期，伊斯兰教被称为清真教，举行朝拜的宅地因而也改叫清真寺。在唐宋时期，我国已出现清真寺建筑，从唐宋至元初六七百年间，清真寺建筑基本保持阿拉伯式的风格。清真寺是形成穆斯林宗教生活与社会活动的中心。

西北地区著名的清真寺

位于宁夏回族自治区同心县旧城的同心清真寺建于明初。主体建筑礼拜殿坐落于高达 7 米的砖砌台基上，配以南北经

同心清真寺

堂、门楼和邦克楼等建筑群。邦克楼高 22 米，为二重檐，四面坡式的亭式建筑，气势雄伟。下部建筑由寺门、外院、照壁、井房、浴室组成。寺门前有一座仿木结构的砖砌照壁，装饰"月藏松柏"砖雕。几乎所有的建筑上都刻有精致的阿拉伯

文字画，显示了伊斯兰文化艺术与中国传统建筑融为一体的风格。

兰州西关清真寺建于清康熙二十六年（1687 年），雍正七年（1729 年）重修。该寺布置可分三部分：外院及沐浴室、内院大殿、阿訇用房。寺的前院东面竖立着一座由琉璃制成的彩色大照壁，为中国伊斯兰教建筑最大的照壁之一。外院有月牙桥，桥下池水清澈。过了桥耸立着六角形的四层邦克楼，（邦克即召唤之意），一道别具一格的穿廊连接邦克楼门和大殿。大殿及后殿是用减柱移柱的建筑做法，殿内重要地方用阿拉伯文作装饰，墙脚下有雕砖，大殿可容纳千人同时做礼拜。1983 年始在原址重建，改为阿拉伯风格的圆形建筑。大殿为四层，底层为接待室、会议室，其余三层为礼拜殿，可容三千人同时礼拜，并辟有可容一百余人礼拜的妇女礼拜殿。该寺现为西北回族穆斯林地区规模最宏伟的一座清真寺。

乌鲁木齐市清真寺位于乌鲁木齐天山区，为新疆地区最大的回族清真寺。该寺建于清乾隆年间，清末光绪三十二年（1906 年）又捐资重建，后不断修缮。寺院大殿高达十余米，前部为单檐歇山式，屋顶铺嵌着绿色琉璃瓦。大殿周围走廊有红圆木柱，古朴壮观，大殿后为上八下四的重檐式八角楼，即望月楼，殿内四壁和门窗均有花卉、瓜果图案的砖雕木刻，刻工精细。大殿前面是宽敞的月台广场，方砖铺地，两侧均建有厅堂，东厅是阿訇进修所，北厅是讲堂，南厅为浴室。

西宁东关清真寺是西北穆斯林四大清真寺之一，始建于明朝洪武年间，公元1380年前后以朝廷"敕赐"建寺的名义创建。清代同治年间被清军所毁。1914年开始重建东关大寺，始有现在之规模。大寺主要由大殿、南北厢楼、宣礼塔、水塘、大门、重门等部分组成。全寺总面积为13000平方米，大殿面积为1300平方米，可容纳1400人礼拜，整个大寺建筑具有浓厚的中国古典建筑风格。

清真寺建筑特色

中国伊斯兰教清真寺的建筑表现了伊斯兰教的教理和教义。伊斯兰教信仰《古兰经》，《古兰经》宣告："你们把自己的脸转向东方或西方，都不是正义，正义是信真主、信末日、信天使、信天经、信先知。"为了表现信仰的崇高，从建筑美学来看，建筑的整体构建与佛教、道教建筑迥然不同，其造型、色彩、图案、装饰都给人一种沉稳庄重的美。在布局上，伊斯兰建筑是完整的布局，一种是以中轴线为主的传统的四合院布局，中间为大殿，其他建筑分布在大殿的两侧，形成一组完整的空间系列。另一种是大门朝东，正西是礼拜大殿，大殿顶上有绿色的穹顶。宽敞的大殿，才适于肃静的祈祷。伊斯兰教堂在大殿顶上采用一组五个浑厚饱满的绿色圆形穹顶，色彩醒目，样式独特。殿顶一角的四个小穹顶，从四周簇拥着中间一个巨大的穹顶。各顶上均有一宝瓶或不锈钢球体。绿色圆形穹顶不仅使人感到崇高、稳重、开阔，没有威压之感，而且在色彩上崇尚绿色，众所周知伊斯兰教是公元 7 世纪在阿拉伯游牧部落中，首先产生和传播开的。朝拜麦加是每个穆斯林的心愿，在大殿内还设有永远指向麦加方向的圣龛。伊斯兰教教堂的特点是与信徒的宗教情感相和谐。回族穆斯林在念经礼拜的同时，其内心得到调整与安宁。给人特殊的宗教体验，营造了古朴肃穆的宗教氛围。

第三章

西南地区少数民族民居

西南地区是我国少数民族聚集地，总人数占 47.15% 以上，我国少数民族种类中 63% 生活在这里。在历史上西南少数民族可以分为四大族群，即属于藏缅语族的氐羌族群，有彝、藏、白、哈尼、拉祜、纳西、傈僳、普米、景颇、阿昌、土家、基诺、怒、独龙、门巴、珞巴等民族及苦聪人等。属于壮侗语族的百越族群，有侗、布依、傣、水、仡佬、仫佬等族；属于苗瑶语族的苗瑶族群，有苗族、瑶族。属于南亚语系孟高棉语族的百濮族群，有佤、布朗、德昂和克木人。

由于历史原因，少数民族与汉族相比社会、经济发展极不平衡。他们居住的生态区域有山区、半山区、高寒地区和坝区。他们从事的生产有农业、林业、牧业和渔业。他们的语言不同、宗教信仰不同，佛教、道教、伊斯兰教以及儒教在这里共存，一些民族的原始崇拜依然存在。正如生态人类学理论指出的：文化与环境，技术与资源，存在着一种动态的互动关系。西南地区如此迥然不同的地理、人文、信仰、造就了迥然不同的独特住所,具有鲜明的民族特色和地域特色。

西南少数民族不同形态民居共存。同时相互交流碰撞、相互融合、相互渗透,相互影响,各个民族的建筑在保留本民族传统的同时,也在与其他民族的民居文化的互动中取得发展与进步。

干栏式民居及居住环境

黎明时分,西南边陲的村寨很像一幅迷蒙淡雅的水墨画。一抹淡淡的晨雾萦绕在村寨四周。田野、树木和房舍隐约可见,当雾霭慢慢散去时,美丽的村寨也渐渐显露出它的轮廓,映入人们眼帘的是南方少数民族的特殊民居——形态各异的干栏式和井干式的房屋。

干栏式的民居

干栏式建筑可分为支撑框架体系和整体框架体系。支撑框架体系由下部支撑结构和上部维护结构组合而成。根据结构剖面不同,整体框架体系分为全楼式、半楼式两种。贵州的雷山、台江、丹寨一带苗族的吊脚楼是半楼式民居建筑的代表;傣家的竹楼是全楼式民居建筑的典型。

景颇族、德昂族、拉祜族、侗族、佤族、珞巴族等都居住干栏式竹楼。虽然不同民族的干栏式房屋多为竹木草顶结构，但是竹楼的外观造型、平面布置以及使用功能有所区别。景颇族、珞巴族采用矩形的平面布局，德昂

干栏式民居

族、拉祜族、佤族则采用方形、椭圆形布局。屋顶形式方面，景颇族、珞巴族采用双面坡，德昂族、拉祜族等民族采用歇山顶。楼居分两层，底层圈养牲畜和摆放杂物。竹楼上层高度2米~2.6米，内隔两到五间小屋，作为卧室和客厅。客厅和多数卧室设火塘，火塘四周铺篾席，为休息睡觉的地方。四壁和地板多为竹制，四壁不开窗或仅开小窗，室内光线昏暗。竹楼一般有晒台晾晒谷物，出入竹楼需通过楼梯。

云南贡山独龙族怒族自治县传统民居为一种"井干式"竹木结构，长形草房，通道设在屋内一侧，其两头接通向屋外的左右两门；通道另一侧依次隔成大小相同的相连数间，每间敞向通道，无墙和门，共一个双披屋顶。每遇家庭中男子成婚，则依草房两头于同一水平高度上再行伸延搭建。屋内成员多属兄弟关系。

吊脚楼有不同的建筑方式和结构形式。从地形上看吊脚楼往往搭建在地形不利之处，如坡地、陡地、溪沟等附近。而主体部分坐落在平整的基地上。这样既很好地利用了地形，又与

【少数民族民居】

西南地区少数民族民居

吊脚楼

自然和谐为一。从吊脚楼外檐与主体的结合来看，有一侧吊脚楼、左右不对称吊脚楼、左右对称吊脚楼等三种形式。一侧吊脚楼为多。从层数上看，二层、三层都有，二层的较多。一般底层为猪圈，二层为卧室。就用料来看，土家族的吊脚楼全部是木构架，木装修，因此显得轻巧空灵。苗族的吊脚楼与土家族的吊脚楼在用料上有很大的不同。他们常用砖或石板作外部维护的材料，有的在主体上加砖墙，而且在吊脚楼下部用砖或石块加以护卫。

苗族村寨挑廊式吊脚楼因在二层挑出走廊而得名。挑廊是其主要特征。挑廊式吊脚楼有的设有木窗，有的没有木窗，不管有没有木窗，都具有吊脚楼向外悬挑的特点。大多没有翘角，没有空花栏杆，显得较为朴拙。吊脚楼多为一向挑廊式，也有多向挑廊式。多向挑廊式是后面和左右两侧分别挑出走廊，更平添了气势。贵州省是苗族主要聚居地区，苗族村寨的吊脚楼优美而富有特色。但由于住地的分散和山水的阻隔，各部苗族之间的民居和村寨也存在着很大的差异。在人数较多、自然条件较好的平坝地区及河谷地带，其住房多为四榀三间、一楼一底的木结构建筑。而在山区则因势而建，多为灵活多变、潇洒飘逸的干栏式吊脚楼。苗寨环境千差万别，但总的看来可以分为三类：即河边、山腰和山顶，呈垂直分布状。住在河边的苗族多选择能够避风和暖和的地方。寨脚有河，河上搭有石凳桥，河畔则建有成群的水车和水碾。以河流为基址背景，形成开阔平远的视野，而隔水回望，有生动的波光水影，造成绚丽的画面。有的苗寨建有类似于牌楼或凉亭的木

吊脚楼

质寨门，上宽下窄，但一般不能关闭，只是用以作为内外区分的一种标志。同时，它也是环境的控制点、视线交点和构图中心，具有易识别性和观赏性。高大的木构梁架既是不可缺省的农业建筑，也是苗寨建筑不可缺省的组成。苗族民居的建筑造型特色，尤其表现在山区的苗寨中。

干栏式建筑是西南地区众多少数民族传统民居的特点。古代居住在干栏式房屋的百越和百濮两大族群，主要分布在西南地区和长江流域。目前考古发现距今 7000 年前的浙江余姚河姆渡新石器时代遗址，是迄今最早的干栏式建筑遗存。宋代周去非在《岭外代答》中描绘："上以自处，下居鸡豚，谓之麻

栏。"又如《赤雅》:"人栖其上,牛羊犬豕畜其下。"

西南地区干栏式建筑为什么能够历经数千年的历史呢?

其一,干栏式民居是适应地形变化需要而产生的。此类房屋对地形变化有高度的适应性,水平空间,竖向空间几个方向都可以随意调整。如吊脚楼的屋基一边实,一边虚,主要是一边临水,或临沟,为了拓展住房面积,需要向外凌空拓展,有高屋建瓴之势。

其二,干栏式的民居主要分布在我国南方,这与南方的地理环境,气候条件存在着密切的关系。南方炎热多雨,地气上升,土多潮湿,人易生病,人居楼上可以避暑防潮,维护人的身体健康。

其三,干栏式民居还具有防御性的功能。南方多毒草、毒蛇、毒虫、人居楼上,便于防御。

其四,南方少数民族多以定居农业为生计,除了种植农作物外还饲养家畜,在传统的干栏式建筑中,人在楼上,家畜在楼下,家畜便于照管。现在随着生产和生活的改善,人畜分开已经成为必然趋势。

竹 楼

西南各少数民族传统民居形式多为干栏式建筑,其傣族的竹楼尤具特色。傣族主要居住地为云南西双版纳和瑞丽市,其民居传统形式,即为竹楼,虽然同为干栏式建筑,却绝不相同。

傣族村寨一般修建在丘陵地带或水田附近，多傍山而建。每个村寨一般有30户～50户，多则上百户。村寨由民居和佛寺组成，佛寺的位置选择在村寨主要入口处，四周平坦开阔，地势高而显要，风景优美。高大的寺塔

傣族竹楼

建筑，居高临下地俯视着村寨片片竹楼，显示了佛教在傣族人民心中的崇高地位。整个傣族村寨绿树成荫，果木成林，融于一片郁郁葱葱之中。尤其醒目的是高耸入云的椰子树与槟榔树，是傣族村寨特有的景色。分布在村寨中的院落，四周种植果木篱笆，中心位置是竹楼。院内竹林果木枝叶繁茂，环境幽静，呈现给人们一个优雅的花园别墅。

竹楼虽说是楼，但是一般只有一层，只是整个房子被一根根木桩高高地撑起，就像空中楼阁。傣家竹楼下面的木桩一般有五十多根，木桩之间的空地是堆放杂物的仓库，有的人家还用来养猪圈牛。

竹楼一般由堂屋、卧室、前廊、晒台、楼梯及楼下的架空层组成。通过楼梯可以达到楼上的前廊，四周没有遮拦的前廊明亮通风。在外檐边上有靠椅，在楼面上铺设席子。重檐屋顶可以遮阳避雨，前廊是进餐、休息、待客及家务劳动的场所。

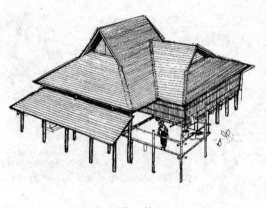

竹楼

竹楼在楼上都建凉台，面积一般在 15 平方米～20 平方米，有的装矮栏，有的不装栏杆。是平时洗漱、晒衣服以及晾晒农作物的地方，储存水的陶土罐平时也放在凉台的外檐上。架空层即底层，这里的数十根木柱支撑着整栋楼房的重量，支柱裸露在外不围栏。过去当畜棚，现在一般堆放杂物。

竹楼的建筑材料过去主要是竹，现在屋架、柱、梁等构件已经改成木材。用屋架、柱、梁等构件组成承重构架，屋架跨度一般为 5 米～6 米，两侧再搭接半屋架。主辅屋架的坡度不一样，主屋架的坡度约为 45°～50°，辅屋架的坡度约为 35°～45°，使屋架形成了折面的形状。坡屋面下另有一圈檐柱支撑，此柱与上檐柱之间用横枋连接，枋上立有向外倾斜的小柱，既是上檐的挑檐柱，支撑着探出很多的上檐，同时也是外墙的骨架，使外墙向外倾斜，加大房屋的空间。全部木构架用榫子结构，做工粗糙，榫孔间隙较大，出现歪斜时，采用木楔固定。屋面用的材料，以前多为草苫，现多改用一端带钩的小平瓦，将其挂在竹片上，平瓦错缝，平铺叠放两层，避免漏雨。竹楼板是将圆竹筒纵向剖开展平，断缝的纤维保持连接，平铺在楼楞上，并用竹篾捆扎，走在竹制的楼板上，富有弹性。竹墙常利用竹子正反两面不同的质感与色泽，编织出花纹。现在的竹楼建材多数使用木材，材质虽然变化，然而竹楼的结构形式，构筑方法，以及浓郁的民族风格没有太大的改变。

同为竹楼，不同区域的傣族竹楼也有很大的差异。生活在德宏傣族景颇族自治州瑞丽市的傣族一般称为水傣，与居住在西双版纳等地区的傣族同胞有一样的宗教信仰和生活习惯，但是他们的竹楼却不一样。瑞丽傣族的竹楼是由干栏与平房两部分组成的。干栏为住房，平房为厨房。干栏为长方形，因而屋脊也较长，干栏的楼下架空层用竹篱围栏，而且没有披檐屋面，堂屋外形也为歇山屋顶，堂屋外设前廊及凉台，但是在堂屋外墙开窗户，有的还是落地窗。

竹楼外观朴实无华，布局灵活多变，独特的建筑空间形式极富地方特色。竹楼的歇山屋顶坡陡脊短，山尖正好起采光、通风、散烟的作用。外墙向外倾斜，支撑着很深的出檐。竹楼下部的坡屋面起着遮阳伞的作用，抵御烈日的照射。傣族竹楼独特的造型及结构形式，有许多民间传说，其中一个说法：最早的统治者帕雅寻巴底建宫殿时，万物都来帮忙，龙、狗、猴等帮他做楼梯、立柱子、做穿梁，终于盖成了竹楼的形式。所以至今还有"龙梯"、"狗柱"的称呼。干栏式竹楼深受傣族人民的喜爱，延续数百年而无大的变化，主要的原因是竹楼舒适美观,实用牢固,又十分适合当地的气候与资源条件。傣族居住地区的气候炎热,潮湿多雨,架空居所,才能创造出干燥的居住环境。

傣族屋里的家具多为竹制,桌、椅、床、箱、笼、筐都是用竹子制成的。因有蚊虫,家家都备有蚊帐。农具和锅刀为铁器,陶制的器具也较为普遍,水盂、水缸的形式都具有地方色彩。

千脚落地房

流行于今云南贡山独龙族怒族自治县的独龙族传统民居,为千脚落地房的一种。该木楼以数十根圆木自下而上垒积,并固定成墙,因而得名。一般在离地面2尺~3尺高处铺以木板,形成矮楼,呈长方形,其顶覆以茅草或木片。一般只开设一东向小门,大小仅能屈身而入,架木梯上下。房屋四壁原无窗,现已开窗。房间内一般设有两个以上火塘。

怒族自古"覆竹为屋,编竹为垣",也住千脚落地竹木房。千脚落地房依山而建,结构简单,易于搭建与拆迁,具有避水防潮的功能,适合山区多雨多雾的气候条件。千脚落地房也为干栏式建筑。怒族的千脚落地房主要分为木板房和竹篾房。贡山地区的怒族一般住在木板房或半木半土房。这种房子用圆木垒垛作为墙,屋顶用薄石板覆盖。福贡怒族一般住竹篾房,相对而言房子比较矮小,一般采用竹篾做外墙和隔墙,用木板或

石板盖顶。这两
种形式的千脚落
地房一般都为两
层，楼上分为两
间，外间待客，
并设有火塘，火
塘上放置铁三角
架或石三角架，

千脚落地房

供做饭烧水取暖。内间为卧室兼储藏室。楼下存放杂物或关养牲畜。楼板用木板或竹篾铺设，直接架在众多的木桩上，如同千脚落地一样，支撑着整栋房子。

矮脚落地房

西南地区景颇族居住在海拔1500米～2000米的山区，由于地形复杂，很少有大块平地，房屋根据地形选址，所以居住得也很分散。景颇族民居外观粗犷简朴。一字形的房屋笼罩在陡峭的茅草屋顶下，硕大的屋面，很深的出檐，低矮的墙身，架空的竹楼构成了景颇族民居的特色。盖房使用的竹木材料保持自然的粗糙状态。位于楼上的堂屋是家人起居与待客的场所。室内一般没有柱子也不摆放座椅等家具，左右外墙开窗户，采光通风很好。正对大门的中后部安放火塘。火塘四周的楼板上，铺设席子或毡子，人们围坐喝茶聊天。堂屋内前面角

第二章

【少数民族民居】

西南地区少数民族民居

上设佛龛，佛像面西，与佛寺中的佛像面东正好相对，以供人们祭祀。卧室的位置一般在楼上的东北角，可避免西晒。卧室分为两种类型，一种是不分室，一家人同居一室，分帐席地而卧；一种是分室，根据人口状况多少，用竹墙分隔数间。厨房相接在主房的后边，单层、面积较大，有楼梯可以通到楼上。主人在这里做饭、用餐，主妇还常在这儿待客、织布。受汉族及傣族的影响，景颇族民居也有的将架空层提高，楼下饲养家畜，进行舂米等劳作。也有的模仿德宏傣族民居，做成平房的形式。也有模仿瑞丽傣族民居，建成干栏式的形式。

"三坊一照壁"和"一颗印"

白族和纳西族的"三坊一照壁"和彝族的"一颗印"民居文化在西南民居文化中具有突出的地位。

三坊一照壁

三坊一照壁

位于苍山脚下、洱海之滨的大理是白族民居建筑的精华所在。据史书记载，这里曾是唐代南诏王的都城。在古文化兴盛的年代，白族工匠吸取了丰富的中原建筑艺术并发挥了自己的创造才能，逐渐形成了自己民族独特的建筑风格。

白族村落多选在依山傍水的缓坡，村寨布局以主庙和庙前戏台的方形广场为中心。村口建照壁，街巷旁一般都有石渠流水，种植各色花卉。院落布局的一个突出特点是正房一般坐西向东，其主要原因如民间歌谣所说："大理有三宝，风吹不进屋是第一宝。"此外白族人相信"正房要有靠山，才坐得起人家"的风水观念，建房时使正房的中轴线对着一个认为吉利的山峦。因为

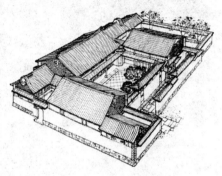

白族"三坊一照壁"

这一带的山均在西面，所以就决定了房屋的朝向。

白族民居建筑均为独立封闭式的住宅，有点像北京的四合院。一座端庄的民居院落主要由院墙、大门、照壁、正房、左右耳房组成。由于过去的人民生活地位不同，所以房屋的建筑格调和形式也有所区别。一般的建筑形式是："两房一耳"，"三坊一照壁"，少数富户住"四合五天井"，即四方高房，四方耳房，一眼大天井，四眼小天井；此外，还有两院相连的"六合同春"；楼上楼下由走廊全部贯通的"走马转阁楼"等等，真是五花八门，犹似迷宫。不过这古老而又造价昂贵的住宅已不被当地白族人采用了。现在多是一家一户自成院落的二

西南地区少数民族民居

层楼房。但雕刻、彩绘仍不减当年，而且有所发展。"三坊一照壁"及"四合五天井"依然是白族民居传统典型的布局，其他或简或繁的布局都是由此衍生而出。

白族门楼

白族门楼建筑不仅富有民族特色，而且在建筑技巧上也独具匠心。门楼分为有厦门楼和无厦门楼两种。大型民居的有厦门楼，华丽多彩，尖长的翼角翘起，多层的斗拱重叠，并有斜拱衬托，斗拱的端头雕成"龙、凤，象，草"，斗碗雕成八宝莲花。斗拱以下是重重镂空的花枋。在"八字墙"各面砖砌框内，镶嵌着风景大理石，或彩塑翎毛花卉，或画山水人物，或题诗名句，把门楼装饰得琳琅满目，美不胜收。有的地方整个门楼不用一颗铁钉或其他铁件，而联结却十分牢固，几十年风雨如故，再装上两扇较有厚度的铁黑色木大门，甚是庄重威严。无厦门楼一般采用砖雕、泥塑、镶砖的方法，拱形、纹饰、造型富有民族特色，装饰美观大方，因其造价不高，故为大众采用。

照壁是白族民居建筑不可缺少的部分，白族民居院内有照壁，大门外有照壁，村前也有照壁，可见照壁的作用和重要性。照壁均用泥瓦砖石砌成。正面写有"福星高照"、"紫气

白族照壁

东来"、"虎卧雄岗"等吉祥词句。照壁前设有大型花坛，花坛造型各异，花木品种繁多，一年四季，花香四溢。正房前面的照壁十分讲究，从形式上分为独脚照壁和三叠水照壁。独脚照壁又称一字平照壁，壁面为整体等高，壁顶为庑殿式，只有仕宦人家才能采用。三叠水照壁分为三段，中段高度相等于厢房的上层檐口，侧高度与厢房下檐的封火墙对齐，照壁的宽度相当于三间正房的长度。照壁的造型及装饰堪称艺术佳作，显示出白族人民高超的技艺和审美观。照壁脊部的两端檐角如飞，脊面呈凹曲形状，檐下或用斗拱，或用双重垂花柱子挂坊。额部及两侧边框镶嵌大理石，其上或书诗词书画，或塑人物花鸟和翎毛花卉，风格清雅秀丽。

白族居民门窗木雕，无处不闪现着白族木匠高超的手艺。

西南地区少数民族民居

一般均用剔透和浮雕手法，层层刻出带有神话色彩和吉祥幸福的白鹤青松、鸳鸯荷花、老鹰菊花、孔雀玉兰，以及各种几何图案。门窗的表面上还涂有红色的油漆，显得光滑明亮，古朴典雅。格子门，次间格扇，花格透气窗，梁头雕饰也处处美轮美奂，显示出白族艺人高超技艺，也展示了白族民居华贵绚丽的传统风格。室内清洁、整齐，左右为卧室，当中为客厅，放有镶嵌彩花大理石的红木桌椅和画屏。

纳西族民居大多为土木结构，比较常见的形式有以下几种："三坊一照壁"、"四合五天井"、前后院、一进两院等几种形式。其中"三坊一照壁"是丽江纳西民居中最基本、最常见的民居形式。所谓"三坊一照壁"，即指正房较高，两侧配房略低，再加一照壁，看上去主次分明，布局协调。上端深长的出檐，具有一定曲度的面坡，避免了沉重呆板，显示了柔和优美的曲线。墙身向内作适当的倾斜，这就增强了整个建筑的稳定感。山墙及前后墙体使用土坯或砖砌到整房高度的三分之二，剩余的三分之一使用木板封筑到顶，楼层窗台以上安设漏窗。为保护木板不受雨淋，大多房檐外伸，并在露出山墙的横梁两端顶上裙板，当地称为"封火板"。为了增加房屋的美观，有的还加设栏杆。为了减弱"悬山封檐板"的突然转换和山墙柱板外露的单调气氛，巧妙应用了"垂鱼"板的手法，既对横梁起到了保护作用，又增强了整个建筑的艺术效果。封火板的宽度约40厘米，最小也要25厘米，垂鱼的长度约为80厘米，纳西族把它作为吉庆有余的象征。它是区分纳西族与白族和藏族民居的明显标志。通过对主辅房屋、照壁、墙身、墙檐和垂鱼装饰的布局处理，使整个建筑高低参差，纵横呼应，构成了一幅既均衡对称又富于变化的外景，显示了纳西族高超的建筑水平。古城街道既显工整而又自由，主街傍河，小巷临渠，道路随着水渠的曲直而延伸，房屋就着地势的高低而组合。临街的房子多被辟为铺面，或主人自己经营些小商品，或转租他人经营。长期以来，纳西人形成了崇尚自然、崇尚文化的优良传统。

在结构上，一般正房一坊较高，方向朝南，面对照壁，主要供老人居住；东西厢略低，由晚辈居住；天井供全家人生活之用，多用砖石铺成，常以花草美化。如有临街的房屋，居民将它作为铺面。农村的"三坊一照壁"民居在功能上与城镇略有不同。一般来说三坊皆两层，朝东的正房一坊及朝南的厢房一坊楼下住人，楼上做仓库，朝北的一坊楼下当畜厩，楼上贮藏草料。天井除供生活之用外，还兼供生产如晒谷子或加工粮食之用，故农村的天井稍大，地坪光滑，不用砖石铺成。此外，纳西民居中最显著的一个特点是，不论城乡，家家房前都有宽大的"厦子"即外廊。厦子是丽江纳西族民居最重要的组成之一，这与丽江的宜人气候分不开。因而纳西族人民把一部分房间的功能如吃饭、会客等搬到了"厦子"里。

"一颗印"民居

　　彝族民居称为"一颗印"。"一颗印"民居由正房与厢房组成，房屋的外观为土墙和瓦顶，平面布置方正如印。按房屋

"一颗印"屋顶

的大小规模有"三间两耳"，"三间四耳"，"五间四耳"等形式。"三间两耳"较为普遍。正房三间两层，房顶高出厢房半截，双坡硬山式结构。两边的厢房叫耳房，厢房屋顶为不对称的硬山式，长坡面向院内，短坡朝向墙外。正房与垂直方位的厢房相接。屋面与房檐高矮不同，厢房屋面的上边恰好插入正房的上下层屋面的中间，包含了正房一层的屋檐，厢房的一层屋檐又插入正房下层的屋面之中。两者犬牙交错，结构严谨规整。正房的正面有层廊，正房与厢房连接的两个拐角处，各设置单跑梯一座，向上八九步达到厢房，向上十二三步达到正

房，楼梯的踏脚板延伸至门外，这也是"一颗印"民居的特点。

"一颗印"民居正房底层的明间，是吃饭待客的地方。次间饲养家畜，堆放柴草。上层的明间储藏粮食，次间为卧室。厢房的底层为厨房，楼房为卧室。由"一颗印"为主体构成的封闭院落，呈狭窄的长方形院子，房屋的距离不过3米~4米，屋檐的距离就更小了。院落仅有大门一樘，人畜共用，民众则对这样的居所很满足，认为它"关得住，锁得牢"。"一颗印"民居的装饰明显受到汉族建筑的影响。大门是整栋宅院的重点，与汉族的门楼一样，用砖瓦封檐口，脊部使用瓦重叠起翘，屋脊端部同样采用这种起翘的方式。"一颗印"民居对木装修也很讲究，尤其对正房厦廊的挑檐十分注重。梁头、垂柱、正房的格子门也有雕刻。

形态多样的西南民族建筑

云贵高原地处中国西南腹地，北邻四川、重庆，东界湖南，西连云南，南接广西，属亚热带温湿气候，雨量充沛，适于耕种。但地区内多高山深谷。山区人民因地制宜，沿高山深谷两岸开辟梯田。山多地少、石多土少，特殊的地理环境条件下发展了独具特色的山地农耕文化。在利用山地构筑方面，世代生活在此地的各族人民发挥了他们的聪明才智，利用所处地

苗族村寨

貌的不同创造了四种不同形态的山地城镇建筑方式。一是利用山地中间的大小坝子营造；二是利用盆地营造；三是在江边峡谷地带建造城镇；四是在山腰和山坡上顺山而建。但其中最具特色的当属内涵丰富的苗族村寨和独具一格的侗族村寨。它们都是充分利用山地、适应环境的典范。

茅屋、杉木屋、石板屋

如果说瓦房是苗族准干栏建筑的主体，那么茅屋、杉木屋、石板屋则是其民居的补充。茅屋是苗族迁鄂之初的主要建筑形式，其房屋的基本结构和瓦房差不多，主要区别是茅屋盖茅草，瓦屋盖瓦。当然，有的沿袭了湘西苗族的茅屋形式，一般以一间或两间建成一栋。上面用长木两根，木条端处凿开"公母"之马口，以穿上木栓互相套着，做成剪刀形式，架于柱上。剪刀架上安行条，行条上面铺些纵横竹子或木棍，布成蛛网式，铺盖草于其间，故称茅屋。杉木屋，就是用杉木皮盖屋，一般盖两至三层，一层压住一层。有的还是用篾把杉木皮编在一起，上面压着石板，风雨不透。石板屋，就是用既薄又宽的石板依次盖住屋顶。这种房屋形式在湖北并不多见，但仍不失为苗族的一种住所形式。

瑶族一般居住竹瓦房、木房、草房和石房。竹瓦房以木板或竹片做墙，屋内比较宽敞，有的分作三室，亦有分作两室的。畜厕一般设在屋后，但也有设在院落内的。木房则以木头为原料，整洁而舒适。建房过程遵循传统的民俗习惯，尤其在上梁时务必贴符咒。石房坚固耐用。瓦屋是湖北苗族尤其是恩施土家族苗族

瑶族竹瓦房

自治州苗族最常见的一种住所形式，也是准干栏建筑的常见形式。布依族人民也常以瓦屋为主。屋高以三米以上六米以下为宜，否则视为不吉利。瓦屋一般为中堂一间，开设三个门，分别通往两侧的房屋。周围有筑土墙的，有砌土砖的，也有装木板的，装木板壁者居多。除堂屋外，地板皆系木板，木板下面垫着若干石头，使地板悬空；每根木柱下面垫着一块精雕细刻的大石头，使整个房子都悬空，呈现出干栏建筑的基本特色。

湖北苗族的瓦房一般建筑在山洼里,有"人坐弯,鬼坐凼,背时人坐在梁梁上"之说,房屋走向不能和河流垂直。堂屋要比厢房短两柱,称之为"吞口",有吞穷山恶水,妖魔鬼怪之意。咸丰梅坪杨姓苗族建房时,正屋的中梁特别讲究,只能由亲戚赠送,不用钱买。挑选中梁时,以树下发秧多的为最好。砍伐中梁时,只能往上倒,不能往下倒。中梁搬回去,不准人和禽兽横跨,以图吉利。上梁后,用红布包扎一尺许。布内包历书一本、硬币若干,以表万年牢固。

蘑菇房

哈尼族民居多选择向阳的山坡,依傍山势建立村寨。村寨一般为三四十户,多至数百户。村寨背后是郁郁葱

蘑菇房

葱的古树丛林,周围绿竹青翠,棕樟挺拔,间以桃树、梨树,村前梯田层层延伸到河谷底。离村寨不远有清澈甘凉的泉水井。一栋栋哈尼族住房结合地形沿坡布局,高低错落有致。

哈尼族蘑菇房状如蘑菇,由土基墙、竹木架和茅草顶构成。屋顶为四个斜坡面。房子分层:底层关牛马或堆放农具;中层用木板铺设,隔成左、中、右三间,中间设有一个常年烟

火不断的方形火塘；顶层则用泥土覆盖，既能防火，又可堆放物品。房屋建筑以土、石为主要墙体材料。屋顶有平顶的"土掌房"和双斜面、四斜面的茅草房。因地形陡斜，缺少平地，平顶房较为普遍，既可防火，又便于在屋顶晒粮，使空间得到充分利用。传说远古时，哈尼人住的是山洞，山高路陡，出门劳作很不方便。后来他们迁徙到一个名叫"惹罗"的地方时，看到漫山遍野生长着大朵大朵的蘑菇，它们不怕风吹雨打，还能让蚂蚁和小虫在下面做窝栖息，他们就照着样子盖起了"蘑菇房"。蘑菇房实用美观，独具一格。即使是寒气袭人的严冬，屋里也是暖融融的；而赤日炎炎的夏天，屋里却十分凉爽。蘑菇房以哈尼族最大的村寨红河哈尼族彝族自治州元阳县麻栗寨最为典型。有史以来，哈尼人迁徙到哪里，蘑菇房就到哪里，遍布哈尼山乡，经长期的发展与改进，现在的蘑菇房既有传统特色又日臻完善，与巍峨的山峰，迷人的云海、多姿的梯田，构成了一幅美丽的图画。

哈尼族居住的瓦房则多为两坡水、悬山式。民居一般都建有正房，是房屋的主要组成部分。典型的正房为两层结构，三间住房，再加"闷火顶"。底层中间的明堂开间较大，为待客和家人会聚处，正中为祭神的位置。两边的房间为卧室，老人与已婚的兄弟各住一边。二层一般不住人，是晾晒并储藏粮食的地方。闷火顶是晾晒不易干燥的粮食和种子的地方。在正房前均设置廊子，其长度与正房相等，宽度在两米以上，是接客就餐及家务劳动的地方。人口较少的人家就将炉灶火塘都放在廊子上。耳房是组成院落不可缺少的部分，一般为土掌房，底层低矮作为牲畜厩，二层可住人，可堆放杂物。土掌房的屋顶是晒台，用于晾晒粮食。由于院落建在坡地上，所以院落狭小，房屋起伏，但是房屋通风，日照采光良好。正面相对的两间耳房与正房形成 90°角，其底层平面恰似倒置的"凹"字。居住在这两间耳房里的，就是家庭里已经成年尚未出嫁的女孩子。这一带的哈尼族青年男女，一旦到了十五六岁，便要从与父母共居的正房里搬到耳房来单独居住。

木楞房与长房子

居住在森林茂密山区的纳西族、傈僳族、独龙族以木楞房为居所。"木楞房"的平面布置多为方形，内外墙用圆木或方木垒砌，木头两端砍出缺口，相互咬合衔接，组成方箱形的墙体。屋顶为悬山式，坡度平缓，采用薄木板铺设屋面，再用石块压实，即完成屋顶的施工。

据《丽江府志》记载，古代纳西族人都住在木楞房内。丽江纳西族人称木楞房为"木罗房"，意思是用木头垒起来的房子。现在主要居住在宁蒗彝族自治县泸沽湖畔的永宁纳西族，即摩梭人依然住在木楞房内。长期以来，摩梭人依山傍水而居，房屋建在向阳的山坡上。房屋都为木结构，四壁由削过皮的圆木两端砍上缺口垒制而成，俗称木楞房，屋顶盖板，俗称房板。摩梭人盖房板有特别技巧，滴雨不漏。

永宁地区的木楞房，一般为"三坊一照壁"或四合院，分正房、经堂或厢房。

木楞房

宿舍楼，也有人叫花楼、门楼、也称草楼。正房供家庭成员起居之用，是议事和炊事及祭祀的地方。厢房或称经堂楼，楼上为喇嘛住房或供佛像，楼下住单身男子或为客人住房。宿舍楼或花楼，主要供妇女居住。门楼上放草，楼下大门两边是畜厩。摩梭房屋的大门，一般朝东方或北方。其院落较大，凡红白喜事均在院落举行。

傈僳族村庄多数坐落在山腰。房屋结构大致分两类：一是木质结构，房屋的"网壁"用长约一二丈的木料垒成，上覆木板；二是竹木结构，先在选好的房基上竖立二三十根木桩，上铺一层木板，四壁以篱笆围成，顶盖茅草或木板。在房屋的中央设一个大火塘，全家老幼都围着火塘吃饭睡觉。

此外，流行于西藏珞渝地区珞巴族传统民居为"南阿肃"，意即长房子。房子有多长？有的长达 100 米。一般为竹木结构，茅草顶，上层放杂物，中层住人，下层关牲口。传统的一列长房从数间到数十间不等。一边有走廊连接。一般走廊空

【少数民族民居】

西南地区少数民族民居

着，供客人住；第二间为男性家长住，过去有多妻的家庭，各妻及其所生的子女各占一间。

土掌房

土掌房

彝族、傣族、哈尼族以及汉族的家庭住宅都采用这种形式的民居。居住在海拔两三千米的彝族习惯同族聚居在一个寨子里，村寨一般位于向阳的山麓。由于居于高山，房屋较为紧凑，错落有致的土掌房分布在山坡上，在一片绿树的葱绿中间，呈现一片片黄色的屋顶。土掌房民居有楼房和平房两种形式，虽简单但十分合理。按功能可分为正房、厢房和晒台。正房一般为三间，两层，底层的明间为堂屋，两边为卧室及储藏室，二层作粮仓。厢房与正房相连接，为1间~2间的单层平顶房，房屋作厨房，房顶即为晒台。正房二层有门与晒台相通，这样的构造为标准的土掌房民居。

土掌房的外墙仅有小窗，整栋土掌房相当封闭，关闭大门，一家人即与外界隔离。这样的结构形式可以避免阳光的照射，获得较舒适的室内环境，同时也加强了安全。为了解决屋内光线较暗的问题，可以在正房与厢房交接处开出一个采光井，起到采光通气的作用。土掌房民居有的仅是一栋整体建筑，有的带一个内院，生活更方便舒适。土掌房民居一般是由木梁承重，采用土坯或夯土为墙，用木板或土坯作隔断。土掌房顶及楼板的做法是，先在木梁上摆放木楞，其上铺柴草，垫泥土拍打密实，再抹泥抹石灰。

红河哈尼族彝族自治州的元江、绿春、红河等地的彝族民居，采用局部瓦顶或泥顶的土掌房。这种房子的特点是每户都有瓦房及土掌房两部分。正房是两层硬山式或悬山式，正房的前廊及厢房为土掌房。正房的瓦顶或草顶下有一层泥土封火顶，构造如泥土楼面，它可以起到防火的作用。彝族村寨房屋密集，厨房内火塘常年不灭，农忙时家中无人，一遇火灾，会引起大面积房屋烧毁，合理的结构会避免重大损失。这种模式的房屋已经被广泛采用，它兼备瓦房和土掌房的优点，应为土掌房的改进形式。

藏族、羌族等民族民居

藏族经济类型主要是高原畜牧业类型和高原农业类型。适应其经济类型和生态环境的居住文化也丰富多彩。

藏族的帐篷

从事高原畜牧业生产的藏族牧人住牛毛帐篷。青藏高原上的诺尔盖、阿坝、壤塘、理塘等县的高原牧民与戈壁草原、盆地草原的牧人虽同居帐房，但是又有较大的区别。高山草场的牧民世世代代居住的是牛毛帐篷。牧人用牛毛纺线，织成粗氆氇，呈长方形，牛毛帐厚2毫米~3毫米，在复杂多变的高原气候下，经狂暴的风雪不裂。牛毛帐房的形状与蒙古包不同，形若屋脊，呈坡面形，搭盖帐篷需用两根高约2米高的木桩，固定帐房是把20条牛毛绳一头拴在帐幕上，一头拴在木桩上，拉绳分上下两周，上周各绳拉开帐顶，绳子中部撑以小柱，使帐顶向上鼓胀，下周的绳子拉开帐篷下边，使帐篷内保留应有的空间，帐顶的顺脊处开有一长方形天窗，天窗外有一护幕，帐篷的一方设门，门上也有护幕。与蒙古包不同，其天窗和门用氆氇，白天翻开，夜晚遮盖，帐外用片石、草垫或者牛粪饼砌成墙垣，一般高半米，以防冷风侵入。《西藏新志》说："业游牧者，天幕为家……或以牦牛毛织成鱼网形，为黑天幕。所称天幕者，六角形，谓之黑帐房云。"除六角形外，藏族地区的帐篷还有翻斗式、马脊式、平顶式、尖顶式等，与北方草原蒙古包相比较，牛毛帐房呈六角形者居多，而蒙古包呈圆锥形；牛毛帐为黑色，而蒙古包为白色；黑帐长4米~7米，空間比蒙古包稍大。游牧地区有牛皮帐篷，藏族历史上还有豹皮帐篷，造价比较高。藏北牧区和青海牧区还有棉布缝制的白帐篷。这样的帐篷与其说是民居，不如说是艺术品，白色帐篷的边沿全部用蓝色的布条压住，在白色的底色下，用蓝色拼贴成鲜丽的花朵，异彩的流云等图案，在绿毯般的草原的背景下，鲜明的蓝白两色与天空的蓝天白云相映衬，构成了一幅幅色彩斑斓的图画。在草原召开盛会的时候，大的帐篷可以容纳几十人，小的仅容纳一人，在这样的帐篷里人们尽情享受着草原的乐趣。

藏族帐幕内设长方形灶，燃烧风干的牛粪，灶的周围铺羊皮，以便坐卧。帐篷的北角为男人居住的地方，也是待客的地方。平时按辈分就坐。帐篷的南角为妇女制作奶制品的地方，外围堆放器物、燃料等。藏族民居的主室内设炉灶或火塘。由于地域不同，所设的位置也不同。阿坝地区的火塘设在主室当中，中间架起"锅庄"，即圆形铁或铜三足架两个，放置饭锅或茶锅，一般围绕火塘坐卧。室内比较宽敞。在内分间墙上设有壁架、壁龛等。甘孜地区住宅的主室一般在室内的东墙或西墙的北端安放炉灶，在灶侧或北面的分间墙上设置壁架，在灶前面东墙或西墙同南墙边上放置床铺，在另一分间墙上设置壁柜。帐房的中间，用土、石垒成长带形锅台，好像一堵矮墙，隔开了主、宾的地位。进了帐房门，左边是主人的地方，右边是客人的地方。主、客有别，不能乱就座位。客人座位的最首位，就是供奉佛爷的地方。在藏族的家具中，酥油茶桶占有重要的位置。藏语叫"董姆"。藏族的酥油桶大小不一，为木制的圆筒和长柄及有孔的木塞组成，桶的上口、中腰和底沿有铜箍或者铁箍，柄端有铜或者铁的握手，讲究的铜饰件上要有花纹。桶外一侧至桶底缀一皮带，以便打酥油茶时脚踩固定和便于提携。制茶时将熬好的茶倾入桶内，加盐和酥油，用木塞上下搅动，就制作出了香喷喷的酥油茶，藏族习惯用酥油茶待客。

藏式土木建筑

藏族建筑的共同特点是平顶。不管是寺院建筑还是世俗建筑，平顶是其重要的特征。另外一个特征是墙体很厚，房顶的土层也很厚，房子都坐北朝南，具有冬暖夏凉的优点。还有一个特征是窗户较小。西藏高原位于海拔 4000 米左右的高寒地区，有较强烈的日光照射，早晚温差很大，年降雨量较少，其房屋特点与其生态环境一致。设立经堂也是藏族建筑的一个特征，因为藏族群众大多信仰藏传佛教。

藏族民居

牧民的民居比较注意门的设计，例如西藏日喀则地区房屋的门框较宽，门楣上方砌一塔形的装饰体，下部和院墙的墙檐相接，最上方置一白色石头，如同塔尖一般。有的门上面砌三垛墙，中间一垛较高，两边较矮，上面均有檐，各摆放着石头，似三塔状，非常严整。藏族民居的门楣下面垂有一尺多长的布帘，有的布帘上面还要一道蓝布，一道黄布，一道红布，门全部为黑色。在拉萨和日喀则地区，门上两侧和门前的地上及屋顶上常有各种图案，例如日月、蝎子、怪兽及字形被称为"臃肿"的图案，此为趋吉避邪。村寨及房前屋后挂满经幡。还有的地区民居的院墙为宗教的标志，例如萨迦地区的院墙呈深蓝灰色，墙檐为白色的条带，在白色条带上涂上同样宽度的土红色和深蓝灰色的条带，两者之间为白色。也有的民居用毛毡装饰门，藏族民居门楼的最高处有供奉牦牛角的习俗。为什么要供奉牦牛角呢？在藏族人民的心目中，牦牛为神圣之物，供奉牦牛角可以消灾避邪，人畜平安。民居的门口和楼梯的侧面设置经桶，人们进出时拨转经桶，祈求平安。

檐廊虽然没有太多的装饰，但在梁、柱交接处的梁托却起到一定装饰作用，梁托不仅装饰了廊檐而且将梁、柱这两个受力结构巧妙地结合在一起。檐板的装饰很重要，它不仅可以挡住檐廊上的梁椽，上面的图案还可以美化建筑上的天际线。矩形房屋还有一种就山依坡的建筑，据考古资料记载，早在4000年以前，西藏卡诺新石器时代的遗址中就有半地穴房出现。至今这种房屋的形式还有遗存。他们往往借助于山坡地，沿斜坡往下挖，与坑对应高出地面的部分，用石块或土坯砌屋，屋顶为圆木和苇束铺盖，有一窗一门，房屋较为低矮，光线不强，但是温暖背风。它与山坡交融，非常的和谐。

青海玉树的藏族民居一般是上下两层的独家小院，上层住人，下层为畜圈和堆放杂物的地方，前檐和后墙高于房顶，前檐不设漏水槽，房顶前高后低，漏水槽全在后檐墙伸出。这样的建筑颇有特色。

由于自然条件不一，四川藏族民居建筑形式也因之而有所差异。这里的居民住土掌房。建造土掌房时，先用泥土建砌成壁，然后用木板间隔成若干房间。土掌房的最下层一般是饲养牲口和堆集草料、牛粪等物。人的起居都集中在二层，中间设有火塘。火塘上经常放着铜锅，旁边一般都有一个铜制火盆，擦得很亮，火盆边缘放置茶碗，夏天当茶几用，冬天用以烤火，人们席地围火而坐，喝茶、进餐或闲谈。房屋的第三层则多为经堂，室中整齐清静，有贵客光临，在这里招待，表示尊敬，但一般贫苦人家，多半只有两层，很少设有经堂。屋顶用泥土铺平，秋收时在这里打晒青稞。房屋周围习惯上还筑有一道高约三米的围墙，使牲畜不能随意跑出，并防止被盗。

四川阿坝九寨沟县原始森林丰富，藏族民居以木结构为主体，在群山环抱的向阳坡地上，用石块砌成房屋的基础。九寨沟地区的藏式房屋采用梁柱结构撑起房架，房子的大小由柱头的多少决定，规模最小为九柱，规模大的有四十多柱。房屋一般做成三层，第一层为牲畜圈棚或杂物间，四周的墙壁用生土干打垒筑而成。二层前面架平台，边上设偏房，此层住人、待客。三层堆放草料和杂物。二、三层为木结构，木板房壁，木制门窗，木制地板。二层的客厅很宽敞，四周装设壁阁。在正面的壁阁设佛龛，摆佛像、放香炉，壁阁全部用鲜艳的彩绘布满苯教的八字真言"悟嘛之弥吡萨来德"，宝伞、胜利幢、金法轮、双鱼、宝瓶、白海螺、吉祥花、吉祥结组成的八宝吉祥图。靠近炉灶一侧的壁阁，在割成大小不同的方框里，一般摆放饮食用具和酒，对面则存放经板等。藏民的客厅一般在正面和侧面的屋角处摆长条凳子，上面铺毡垫，在客厅中部放置炉灶。炉灶的烟囱通过方形的天窗，穿过三层排到屋外。房顶用长约一米多的杉木片盖顶，本地藏民称为"榻板"或"榻子"，榻板有两种形式，一种薄厚均匀的榻板称为汉式榻，另一种一边厚一边薄的榻板称为藏式板。在铺设房顶时，汉式榻一片一片地平铺，在两片榻片的缝隙上面再盖一片，藏式榻则一片一片地搭接。用榻刀劈砍加工的榻板，保留了原有的木纹沟，雨水很容易顺纹沟流出，倾斜的屋顶排放雨水也很通畅，所以榻板经常保持干燥的状态。由于榻板上面风吹雨打日晒，下面炊烟长时间的熏烤，过两年就要把榻板翻转铺盖。为了防止顺房檐淌下的雨水冲刷土墙，在房檐两边都安装通长的木水槽，在水槽口下放置几个大木桶，用来储备雨水，可隔雨防潮，经久耐用。

藏式建筑给人一种高原人的气魄，一种崇高感。原来藏式山寨多位于四面环山的山坡上，放眼瞭望，山坡上布满错落有致的藏式民居，红、黄、绿色的经幡点缀其中，肃穆的白塔分外醒目。在住宅旁家家户户都在居所旁设置一个白色的塔状炉台，这是藏民举行"煨桑"的地方。清晨，藏民燃烧松柏枝和野蒿，用烟雾净化污秽，祭祀山神，这种古老的藏俗，可以追溯到遥远的年代。

壮观的碉房

在西藏、青海、四川等藏族居住地区，常常会看到高高耸立的碉房。在四川阿坝藏族羌族自治州境内，自岷江以西，多碉楼建筑，而且愈往西碉楼建筑愈多，到甘孜藏族自治州境内的丹巴，更是碉楼成群。远远望去，碉楼像一座座坚固的堡垒，又像一个个顶天立地的巨人。

碉 房

著名藏学家任乃强先生20世纪20年代末在康区考察时，曾对康区的"高碉"作了这样记述："夷家皆住高碉，称为夷寨子，用乱石垒砌，酷似砖墙,其高约五六丈以上,与西洋之洋楼无异。尤为精美者,为丹巴各夷家,常四五十家聚修一处,如井壁、中龙、梭坡大寨等处,其崔巍壮丽,与瑞士山城相似。""番俗无城而多碉,最坚固之碉为六棱……凡矗立建筑物,棱愈多则愈难倒塌,八角碉虽乱石所砌,其寿命长达千年之久,西番建筑物之极品,当数此物。"

碉房种类多样。按照其所用主要材料来划分,可以分为两大类:一类是用石块垒砌的石碉。一类是用黏土夯筑而成的土碉。其石木结构,墙体多用石块,一层方石叠压一层碎石,其间以泥合缝,也有板筑土墙者,也有用砖做成的。墙厚约1米~1.5米,以木做柱,以柱计算间数,通常为两层,也有三四层的,最上层为佛堂,底层饲养牲畜,人居二层、三层。以地为基,朝天平顶,可用来晒场打粮,亦适于设坛祭天。总之,三层平顶式的楼房,代表了藏族视人与天地统一的观念。《西藏新志》云:"自四川省打箭炉至拉萨沿道,屋壁皆以石砌之,屋顶扁平,覆以土石,名曰'碉房'。"碉房的结构可以分为墙体承重、柱网承重、墙柱混合承重三种,在建筑结构上,梁和柱不直接相连,柱头上平搁"短斗","短斗"上搁"长斗","长斗"上搁大梁,两大梁的一端在"长斗"上自然相接,梁上铺设檩条,檩条上再铺木棍,然后捶筑阿嘎土做成楼面或屋面。《旧唐书·吐蕃传》早就有"屋皆平顶"的记载。一般在屋顶四周的墙上还要砌上"女儿墙",屋内有房梁,房柱均饰以彩绘，屋顶平台做晒场，大的院落四周均有房间，有走廊相连，中间有天井。碉房有不同的形式，有的完全为平顶，除正面有小窗外，俨然是一个堡垒，也有的碉房呈曲尺形，上高下低，为平顶。据《西藏王统世系明鉴》、《贤者喜宴》等藏文史书记载，藏族第一座碉堡式的宫殿为西藏山南雅隆部落的第一代赞普聂赤赞普所建，名为"雍布拉康"，意为母子神宫，至今仍存的这座宫殿非常巍峨。在甘孜、阿坝广大地区，无论是石碉的砌筑技术或是土碉的夯筑技术，由于经历了漫长历史的经验积累，堪称精湛、高超。而且在建造"高碉"中，不断创新，力求在高度上和外观上尽可能地使其富有美感，显出雄伟、壮观的气势。

羌族山寨也有壮观雄伟的碉楼，其建筑材料是石片和黄泥土。墙基深 1.35 米，以石片砌成。石墙内侧与地面垂直，外侧由下而上向内稍倾斜。修建时工匠不绘图、吊线、柱架支撑，全凭高超的技艺与经验。建筑稳固牢靠，经久不衰。1988年在四川省北川县羌族乡永安村发现的明代古城堡遗址永平堡，历经数百年风雨沧桑仍保存完好。羌语称碉楼为"邓笼"。早在 2000 年前《后汉书·西南夷传》就有羌族人"依山居止，垒石为屋，高者至十余丈"的记载。碉楼有四角、六角、八角几种形式。有的高达十三四层。理县桃坪寨是一个比较典型的羌族村寨。它建筑在山坡上，北边靠山，南临杂谷脑河。这些碉房，房连房，户连户，几十户人家聚居在一个大碉房之中。

碉房下边有四道水网相连，一年四季都有清水流淌。据记载，关掉上游的涵门，水网就变成了地道，供战时隐蔽和联络之用。每家碉房一般都是四层。底层是牲畜圈，养猪牛等牲畜；二层是"火笼"，堂屋；三层是卧室；四层是储藏室；房顶上是小照楼。各层之间以简单的木梯相连。

一般从碉门进去便是堂屋（第二层），会客、吃饭、睡眠等都在这一层。堂屋的地板上有一块活动木板，称为"揭板"。揭板旁一般都有一根房柱，柱上靠有一根独木梯。下面直通底层牲畜圈。这揭板安放的地方只有这家人才知道（常用柜子遮住）。一旦发生战事或意外变故，家中人便可迅速打开揭板，顺独木梯滑下，便于逃避或隐蔽。堂屋中柱上，以前人们要挂一个野生盘羊头，或动物皮毛，以祈求中梁神保佑碉房平安稳固。羌族碉楼的房门朝向南方和北方，羌人认为，大门不朝东开，可以避免与太阳相斗。从底层墙角的独木楼梯可达中层的主室，中层楼面铺设木板，主室是全家人的活动中心，其后墙设神龛，中间设火塘。主室、卧室、储藏室的房门也忌讳正对着大门，因为鬼只会走直道而不会拐弯，可以防止鬼进入碉楼作祟于人。在碉楼顶层的后半边，一般搭一排罩楼，罩楼前面的楼面平地，羌人称为房背。这是老人休息，孩子嬉耍，家庭编织，以及晾晒粮食的地方。在屋顶的塔子里还供奉着白石，清晨和傍晚羌人焚烧柏枝祭祀天神与祖先。

据藏文史籍记载，门巴族先民，很早就在西藏南部的喜马拉雅的门隅地区和墨脱县繁衍生息。西藏门隅北部地区有一种石砌碉屋，与藏族碉房的建筑形式有相似之处。房高而坚固，呈四方形，石砌的四周墙壁略向里倾斜，房顶为双斜面的薄板瓦，上压石块。分三层，下层为畜圈，中层住人，上层为木板棚，堆放柴草和杂物。门一般朝东或朝南，门前设有用圆木搭成的晒台，用石砌或木板做的阶梯通向楼下。居室多为一大间，有小窗，木质楼板，屋中央有用 3 块石头作支锅架的火塘，其四周是炊事、吃饭、待客和歇宿等活动场地。晚上一家人围火塘和衣而卧，每家都有少量的藏毯藏被，陈设比较简单。沿墙陈设若干个嘎木，也有用本板间隔出小房，并另设门窗。羌族的石碉民居也颇为类似。

与一般房屋相比，碉房有三个特点：其一，碉房非常高大，一般的碉房都在 20 米以上，最高的达 50 米左右，犹如立地金刚。在外观造型上亦有多样，除四角碉外，还有三角、五角、六角、八角、十二角，甚至十三角碉房。其二，碉房异常坚固，似一坚不可摧的堡垒，平时为住屋，战时即为碉堡，抗震性能好。汉代的羌碉已经有两千年历史，唐时期的羌碉有一千年历史，至今依然矗立在苍茫风雨之中。其三，容积较大。据史料记载，碉房可容千人和千头牲畜。碉房虽然高大，但是并不敞亮，窗户较小，可以御寒。虽光线较暗，但战时可起到瞭望的作用。

关于碉房的来历，历史上有这样一个传说，很久很久以前，在黑水芦花地区，芦花藏族的祖先中有两个大英雄，是两弟兄。其中哥哥叫柯基，弟弟叫格波。那时，天下混乱，妖魔猖獗不能治。为了镇妖魔，柯基兄弟俩便一人建造了一座碉房，叫做"龙"。由于修得仓促，碉房修倾斜了，倾斜叫做"垮"。故兄弟俩修的碉叫"龙垮"。所谓修"龙"为镇妖魔，"妖魔"实指敌兵。为镇"妖魔"而修"龙"，传说证明了碉房起源的久远。《北史诗·附国》曰："附国近川谷，傍山险，俗好复仇，故垒为巢，以备其患。其巢高至十余丈，下至五六丈，每级以木隔之，基方四步，巢上方二三步。状似浮图。"这里记载的就是碉房。公元7世纪吐蕃王朝兴起，扩展其统治势力至高原东部，许多羌族部族亦被融合，高碉随之在以四川甘孜、阿坝为主的广大藏区发展，逐渐成为藏、羌文化的共同结晶。

村寨中的公共建筑及习俗

随着社会生产力的发展，人类逐渐过上定居生活。同时也因地域不同，而形成不同的民居文化。民居既指每个家庭的住宅，又包括村民共同使用的公共建筑。家庭住宅是适应家庭日常生活的空间，而村寨公共建筑则是集体活动的空间。在西南少数民族的公共建筑中，侗族的村寨公共建筑占有突出的地位。

鼓　楼

　　当你走在贵州、湖南等地的侗寨，层层叠叠、高大美丽的钟鼓楼会首先映入你的眼帘。钟鼓楼内传来如丝如缕的歌声：

　　　　　水有源头树有根，

　　　　　茵茵禾谷也有创始人。

　　　　　高山树木是人造，

　　　　　寨中鼓楼也有建造人。

　　　　　接亲拜客有根始，

　　　　　芦笙歌舞非天生。

　　　　　技艺才巧非人造，

　　　　　千年万代沿到今。

　　这首优美古老的盘古开天地歌不仅道出了侗族的悠久历史，而且表明这种特殊建筑的重要功能。在美丽的侗寨，每个村落都有钟鼓楼。侗族居民多为聚族而居。一寨一姓或者几个姓，一姓或一家族建一座鼓楼，钟鼓楼是侗族村寨的高大建筑。

　　鼓楼的上半部分为奇数重檐，鼓楼有三层、五层、七层甚至十三层，多的达到十五层。高二十米，层均为单数。下半部分的构造也琳琅满目，并不统一。有干栏式、楼阁式、门阙式、厅堂式等等，绚丽多彩。厅堂式是最多的一种类型，其中有封闭式、半封闭式、无遮挡式三种。而贵州榕江等地用钢筋水泥制造的新鼓楼为鼓楼文化的传播又增添了另一种色彩。楼阁式鼓楼的特点是：顶层高度与下层相同，层间的距离较大，便于远眺："诸山来朝，势若星拱。踞其中以望，凡山之高，云之浮，溪之流，鸟之语，花之香，兽之走，鱼之游，以极万类，举熙熙然回巧技，无一不目悦耳娱，心旷神怡。"（《三江县志·平流北楼记》）干栏式鼓楼的特点是鼓楼的下半部分的形状酷似干栏式的

鼓 楼

民居，其厅设于二楼。门阙式建筑的突出特点是把门阙作为鼓楼的对称。最为讲究的是鼓楼的顶。"将鼓楼分为歇山式（俗称屋顶形，因侗族房屋多为歇山顶形而得名），也有称棚顶或者顶棚的，攒尖顶式（俗称伞顶或尖顶）较容易被一般人接受。"歇山式的鼓楼像一个棚顶，覆盖着层层叠叠的塔的下半部，而攒尖顶式像一把倒扣的雨伞，护盖着巍然屹立的鼓楼的下端。鼓楼像一棵绿荫葱郁的大树，观望着村寨的诞生，保护着村寨的安全。有根粗大的杉木为柱，从地上支撑楼顶，周围

辅柱多根。楼顶用杉木制成葫芦形，有尖顶，顶部里面置一木鼓，故称鼓楼。楼中空，架梯直达楼顶木鼓处。楼顶底布置专凳，中间设火塘，专人管烧火和卫生。名曰"鼓楼"，当然以鼓为标志。鼓通常是把一棵丈余长的桐木掏空，蒙上优质的牛皮制成的，皮鼓高高地悬挂在鼓楼的顶上。关于鼓楼置鼓，流传着历史悠久的传说。

古时候有个叫曼林的年轻人发现鸟在一起聚会，好像在商讨什么事情，他想人也应该有个群体商量大事的地方，于是与寨老们商议建成了楼阁，并将楼阁作为村民商议事情和男女青年集会的场所。但是就在曼林与漂亮的姑娘娘美在楼里倾诉情感时，强盗袭击，曼林身亡。极度悲哀的娘美在强盗再次袭击的时候，敲打预先准备好的染缸召集民众，奋勇杀敌，侗族获胜。于是人们制作了铮铮响的皮鼓。

关于鼓楼的来源，缺乏文献记载，但是催人泪下的传说却补充了文献记载的不足。据调查，侗族民众非常愿意修建鼓楼，往往一个姓氏就修一个鼓楼，有多少姓氏就有多少个鼓楼。姓氏下面又分"兜"，"兜"是比姓氏更小的血缘单位，有的地区一个兜修建一个鼓楼。一个村寨有数个鼓楼，也有的一个村寨一个鼓楼。鼓楼造型独特雄伟壮观，工艺精巧。整个建筑，不用一钉一铆，全是榫枋相接，严丝合缝，被专家誉为"我国古建筑艺术中的杰作"。

侗族喜爱聚族而居。鼓楼这种特殊的建筑是家族集体活动的场所。在雄伟的鼓楼里，当鼓声响彻四方的时候，德高望重的寨老们把侗族全村寨的人们召集在一起，商议关系到每个村民的大事。族内民事纠纷在这里解决，全家族的重大事宜在这里民主讨论决定，维护公众利益的重大规定在这里宣布。节日里，全村寨的男女老少穿着节日的盛装在鼓楼前聚会，优美动人的侗族歌舞和香甜的美酒迎接和欢迎四方的来客。

在侗族，辛劳了一天的人们来到鼓楼，鼓楼里飘出了古老的歌谣《进堂耶》：

进堂唱，伴不进堂咱进堂，

咱先进堂把耶唱，

开创规矩本是姜美和姜良。

"耶"是侗族具有久远历史的歌舞。世界从哪里来，又到哪里去？人类从哪里来，又到哪里去？他们世世代代传唱的是如此浅显又如此深奥的问题。著名词人陆游记载："农隙时，至一二百人为曹，手相握而歌，数人吹笙在前导之。"在每年正月初一，中国人举国同庆的节日里，侗族全村寨人在鼓楼旁边的"萨岁坛"祭祀祖母神"萨岁"，祈求祖母神的保佑，然后他们又聚会在鼓楼，鼓楼里充满喜庆的气氛。在逝去的岁月里，侗寨面临外辱，人们至今还保留登楼击鼓，报警传讯的习惯。今天，侗族青年男女在鼓楼传送友谊。侗族人有"未建村寨，先建鼓楼"之说。侗家人像鱼儿团聚在鱼窝里一样团聚在鼓楼周围。侗族人有很强的群体意识和凝聚力，先建鼓楼后建寨。先在村寨中心修建鼓楼，然后各家各户在鼓楼四周修建房屋。从村寨的形式看，"诸山来朝，势若星拱"。从鼓楼建筑看，四根主柱成为中心，其他建筑部分从中心向四周散开，但又紧紧凝聚于中心。从群众心理看，没有鼓楼，人们觉得脸上无光，人心涣散，有了鼓楼，全族人就有了精神寄托，感到荣耀和振奋。新楼建成，宾客要来祝贺，全村欢天喜地。鼓楼建筑体现了侗族的审美追求，体现了侗族人民强烈的群体意识，是和平、友爱、团结、勤劳、奋进的民族精神的表征。

风雨桥、索桥

在侗族能和钟鼓楼相媲美的是风雨桥。俗称"花桥"、"凉桥"、"福桥"。风雨桥极富民族特色，是侗寨特有的建筑之一。因桥上建有廊和亭，既可行人，又可避风雨，故称"风雨桥"。侗族人喜欢聚居的山水之地，有河必有桥，桥梁全都建筑在村前寨后的交通要道上。大部分为木桥，还有石拱桥、石板桥、竹筏桥等。青石作墩，杉木铺桥面，上面是瓦顶长廊。长廊两旁设栏杆、长凳，形如游廊，可供行人躲避风雨，观景休憩。

风雨桥

在侗族地区处处都建有造型优美而奇特的风雨桥。侗族人建桥有悠久的历史，积累了丰富的造桥经验，侗族工匠建桥，从来不用图纸，而是用一种侗族人叫做"香杆"的小竹片。无论多么精巧复杂的风雨桥和鼓楼，其设计都是缘于

侗族风雨桥

这些小竹片。风雨桥的木结构，集亭、台、楼、阁于一体。形态各异，变化多端，而又错落有致、协调统一。风雨桥的木构件，柱、挂、梁、枋纵横交错，和谐匀称。风雨桥的跨孔悬臂托架简支梁的应用，尤其精练合理，由简约的几根木头组成的简支梁起着重要的支撑作用。

坐落在广西三江林溪河上的程阳桥是风雨桥的杰出代表。这座桥始建于1916年，是一座四孔五墩伸臂木梁桥，全长76米，宽3.4米，高10.6米。在5座青石桥墩上，以6根围长四五尺的连排杉木为梁，上面以5座不同屋顶的楼阁相间，接连构成一条长廊式走道桥面，走道两旁设长凳，供行人避雨和休息，楼阁和廊檐绘精美侗族图案。5个石墩上各筑有宝塔形或宫殿形的桥亭，逶迤交错，气势雄浑。

另外，西南少数民族所用的索桥有绳索、藤索、篾索、铁索多种。其形制以多条巨索跨河平列，两端固定在石桩或木桩

上，上铺木板加固，桥两侧稍高处再以巨索为栏，便于过桥者手扶。这种桥的出现是因为山高水险，交通不便，在距今 1400 多年前羌民就创造了索桥。如横跨于岷江及杂谷脑河交叉点上的威州大索桥，相传始建于唐代，全长 100 余米，宽 1.5 米多，南北共立 24 根木柱，雄伟壮观。此外还有栈道。栈道有木栈与石栈两种。木栈建于密林，铺木为路，杂以土石；石栈施于绝壁悬崖，插木为桥。

戏台、凉亭、公房

在谈到村寨公共建筑时，还要谈到侗族的戏台。其戏台有两种：一为镜框式台口舞台，其特征是设箱形舞台及镜框式台口，稍挑台唇；一为伸出式舞台，其特征是舞台成半岛形，伸向观众席。为了防水排水，戏台出现单层、双层横披。有的为了加强通气遮阳挡雨，歇山顶檐下再设 1 层～2 层横披，侗族戏台俏丽雄伟，具有古风古韵。

流行于今云南西双版纳傣族自治州布朗族的凉亭也属于村寨中的公共建筑。布朗族村寨供出门赶路人途中休息的公共竹房，多建在村寨门口、大路旁。建房材料和人力均由本村寨居民共同承担。竹房内备有竹床、火塘和盛清水的土罐。凡过路者，均可进去乘凉、喝水、引火做饭。但离开时，必须把火熄灭，把水罐加满。

在西南少数民族地区，过去还有专门为青年男女谈情说爱准备的公房。公房是为许多人兴建并使用的公共用房。例如，景颇族的公房为干栏式建筑，竹木为架，竹篱为壁，平面呈矩形，屋脊较高、较长，四壁低矮，屋顶覆以茅草，屋面呈倒梯形，室内不加间隔，中间设有火塘。凡已成年的男女，都要分别加入自己氏族的"晚只"或"绍胆"。白天他们各自参加家庭的生产生活活动，晚饭过后，便分别到自己氏族的"晚只"或"绍胆"里来。而居住在云南怒江傈僳族自治州碧江县南部洛本卓区一带自称"白尼"的白族支系勒墨人，允许未婚男女青年婚前享有一定限度的性自由。这在民居建筑方面的表现，就是普遍存在专为未婚女子单独建盖的、勒墨人称为"古乃蒿"的姑娘房。白、哈尼等少数民族允许未婚男女青年婚前享有一定限度的性自由。至今姑娘房依然存在，哈尼族青年男女，一旦到了十五六岁，便要从与父母共居的正房里搬到耳房来单独居住。

过去为了适应氏族外婚制度，珞巴族10岁以上未婚男女青少年，均要按性别分别加入"莫休普"和"雅胜"两个不同的社团组织，并分别集体居住在村落为他们建盖的公房"莫休普"和"雅胜"里。和珞巴族一般民居一样，供青少年集体居住的公房"莫休普"也是干栏式木结构建筑，不过，其长度和面积却要大大超过一般民居。其底部用数十根甚至上百根较粗的木柱沿倾斜的坡地支起，下面加围栏用于关养猪牛等牲畜。居住楼层室内连通，不加间隔。有的"莫休普"北边围壁，以挡风寒，其余三面全部敞开，有的则四面全部围壁。围壁所用材料，一般都是粗粗砍削的木板。不论是三面敞开或是四面围壁的，均设有多处出入口，出入口多设在离地低矮的一边，并架独木梯，以供上下。

西南民族的公房是男女社交的场所，是人类婚姻的历史产物。"作为人类社会发展阶段上的一种婚姻形式，氏族外婚在当今社会里已很难找到它的实际存在。然而从我国西南一些少数民族地区残存至今的公房，却可以看到这种婚姻形式的一些遗存，而公房也成为这种婚姻形式遗留于建筑方面的一种迹象。"随着社会的发展，思想观念的改变，这种公房会逐渐消失。

宗教建筑及民间信仰

西南少数民族建筑具有浓厚的民间信仰色彩，形象地表达了各民族人民的宗教理念和宗教意识。

原始宗教建筑

1. 居室内民间信仰习俗

半个世纪前，我国西南地区有的少数民族仍处于原始社会末期，大多数民族处于奴隶社会或者封建社会阶段，普遍存在着原始宗教信仰。对变幻莫测的自然界的畏惧和崇拜使他们创造了很多神灵。日有日神，月有月神，山有山神，地有地神，树有树神，水有水神，希望五谷丰登要祭祀谷神，希望人丁兴旺要祭祀家神、家族神、寨神。自然界中的万物成为他们宗教中最初的、原始的信仰对象。各民族的居住形式基本上是从家庭来体现的，不论家庭的规模或大或小，民居都是其凝聚力的象征。因此很多民族的原始宗教信仰从民居的建筑中体现出来。

过去纳西族民间有祭祀"中柱"的习俗，流行于今云南中甸县和丽江，以及金沙江沿岸地区。当地纳西人特别重视自己本家中柱，他们把中柱看成是神圣的，不可亵渎的，并视为神柱，是房屋之中支撑屋顶的粗大木柱。柱上悬挂装有祭品的小竹篓，严禁触动。平时家中有人生病，家长便对此柱磕头。若为老人求寿，则需揭开柱顶木瓦，插根用香树枝削成的刻着108道槽的"神梯"，由"东巴"（巫师）来请天神降临。柱前供着麦饼、米饭、猪肉、酥里玛（大麦酒）等祭品，东巴诵《求寿经》，全家人齐向中柱磕头，以求老人健康长寿。这样的祭祀仪式非常简单，但却体现了人们的信仰观念。羌族的天神是以立于房顶的乳白色的石头为标志。羌族人也有祭拜中柱的习俗。有形的中柱被赋予了超现实的精神意义，中柱成为沟通天、地、人、神的载体。在四川阿坝地区的藏族民居也有中柱信仰的习俗，在房间的中柱上人们涂饰着豹皮的花纹，过年耍龙灯的时候，要围绕中柱祭祀。

少数民族民居

西南地区少数民族民居

与纳西族不同，居住于云南保山潞江坝德昂族有祭家堂的习俗。有意思的是，这里的祭家堂不是祭祀自然神灵，而是在祭祀自己的家神，当然也是在自己的房屋之内。这是当地民间祖先崇拜的一种具体体现。一般每年祭两次，修房盖屋则要大祭一次。祭祀时全家要非常恭敬，用7碗米、7碗饭，每碗上放3文铜钱；另供草烟7堆、茶叶7堆、铁片7小块，盐巴一团、衣服一套、清水一碗，插在芭蕉叶卷的小筒中的纸幡旗14面、鲜花14朵。同时，请村中掌管祭祀的头人"达岗"祈祷。祈祷毕，"达岗"端起盛清水的碗，用手在屋内和房子的四周滴水。祭祀有明确的功利目的：求家堂神保佑这个家庭人畜两旺、五谷丰登。追求富足，追求兴旺。

2. 村寨中的祭祀场所

原始宗教建筑更多的不是利用家庭住宅，而是另外建立祭祀的场所。过去在西藏珞渝地区生活的珞巴族阿帕塔尼人常常在居所外另盖一间专供祭祀用的小屋，这种小屋称为"那戈"，通常设立在氏族住地的中心地点，供本氏族和几个兄弟氏族举行祭祀活动使用。一般是若干个氏族共有一个那戈，并以其中重要的氏族名字来命名。那戈是少数民族氏族团结的象征，有共同那戈的氏族，对外发生争端时，要相互支持。这样的祭祀地点与前面所说的"中柱"祭祀有很大的不同，可以说是氏族祭祀的场所。

有的少数民族在村寨旁建立小房，并作为村寨共同祭祀的场所。比如阿坝藏族寨子都建有神堂。藏族寨子都设白塔，藏民早晚围绕白塔行走，祈求神灵的保佑。云南西盟佤族自治县等地过去佤族建立"木鼓房"，佤语称木鼓为"梅克劳格"。木鼓一般长 1.5 米 ~ 2 米，直径 0.7 米，两侧各挖一空当。因空当深浅不同，敲击部位不同，敲击时所发出的声音亦不同。每一对木鼓为一组，分公母，公鼓较小，母

藏族寨子里的白塔

鼓较大。当地民间以为敲鼓可通神灵，通常木鼓供奉于村寨中央木鼓房内，木鼓房不是很大，是专门置放木鼓的地方。每年各村寨都要举行剽牛祭鼓仪式，借以祈求人畜平安，庄稼丰收。凡遇械斗、祭祀、报警等情况和跳舞时，都要敲击木鼓。在当地民间信仰里，人们认为敲击木鼓可以通神灵，木鼓房是特殊的房屋，是神灵的居所。

今云南大理白族自治州等地依然存在的本主庙是具有特色的民间信仰建筑。白族信仰多神，多神中的主神就被认为是一方或一个村的保护神，有些是一个村子祭祀一个本主，有些是

几个村子共同祭祀一个本主。信奉本主的各村都建有本主庙，白族的本主庙受佛教道教寺庙建筑风格影响较大。庙的布局一般分为大殿、配殿、门楼、戏台、碑亭、照壁，有的本主庙中还设有假山、鱼池等。从大理洱海东岸的"白男仁政护疆景帝"的庙宇来看，其总体建筑格局是白族的四合院式，虽然是供奉本主神的圣地，却有着民居的风格。再加上本主庙中祭有本主神的妻子、儿女、兄弟、部将等，透出一种充满人间天伦之乐的亲情和接近平民生活的亲切感。

白族的本主庙一般建于村庄中间或附近，本主庙旁常栽有一两棵形如巨伞、枝叶丰茂、象征村落兴旺的风水树，有的坐落青翠山麓，有的濒临河流湖滨。本主庙中一般有戏台、厨房、花园（坛）等，村民可随时进庙供奉，在庙中诵念经文、吹拉弹唱、杀鸡宰猪，是村民的祭祀与游乐的场所，也是白族村庄的一个重要标志。

西南少数民族原始宗教建筑较为简单，常利用山、石、水、泉搭起祭台，但是人们却祖祖辈辈、世世代代给予虔诚的祭祀。西南少数民族所信奉的原始宗教的最大特点是多样性、繁杂性。在其所信仰的众神殿里，天神居于重要的位置。

生活在川、滇之间的纳西族很早就信仰天神，因此纳西族认为"祭天是纳西人最大的事"。祭天必有一定的场所，纳西语称为"猛本当"，意为祭天场或祭坛。通常设在村外，近代也有设计在村内的。祭坛为方形或长方形，分内场和外场两部分，内场中央挖成平底穴状，深1米~2米。周围墙高两米许，但大小不一，小者50平方米，大者100平方米。内场正北为祭台，分三级台阶，最高一级祭台置放神树、神石缓和米篓；中台放小香、净水、酒、茶；下台放大香、摆牺牲。在内场外几米处，又围筑外祭台，引水为渠，内有大石板，是杀猪之处。在外场正北亦有一台，辅以石板，是给神鸟献食之处。祭坛周围栽有杉、松、栗、柏等树，古树参天。

拉祜族的天神为"厄沙"，是拉祜族民间信仰的最高神灵，流行于今云南西双版纳傣族自治州的勐海地区。传说5000年前，拉祜族有两兄弟，兄名帕召米代，弟名帕召戈德玛。后来长兄上西天求学，大家想念他，可是人们等了5000年也没有把他等回来。因为他已圆寂升天成了天神，拉祜族称他为"厄萨巴"，为了纪念他，求他保佑族人兴旺，每寨都在附近最高的地方建一寺庙，对他进行供奉和祭献。其象征是4根柱子构成的梯形灵台，共分上中下3台。每逢年节、婚嫁、迁徙、建新房，群众都要到寺中去祭祀、献粑粑、白薯、芭蕉、黄瓜、水果等，以求族人和家人平安。

在云南、四川彝族地区还保留着古朴的祭天风俗。以云南省姚安县左门乡彝族的祭天为例，左门乡大村的彝族祭天又称"祭天节"，在每年农历五月初三举行。祭天是一件极为隆重的大事，因此他们极重视选择祭天的地点。在村外的山顶上有一处全村共用的山神祭祀场所，祭天就在此举行。神坛为一圆形土堆，直径约两米，上面插松木，代表山神。象征山神的松头为三丫权形，分别代表神的头部、手部等部位，松头的正面去皮，左右两侧削去表皮，作为神耳。代表山神的松头必需插在祭坛中央，取一点松枝放在神坛上，其前供有米、酒、羊血、茶碗等。羌族的天神是以立于房顶的乳白色的石头为标志。

与天神对应的是地神，德昂语称为"舍勐"，意为社神。德昂族祭祀社神的活动，流行于云南瑞丽地区。每年夏历二三月春耕前全村集体举行祭祀。各村寨在村边的森林中，都盖有一幢很小的茅草竹楼，作为社神的住所，每年修葺一次，竹楼里平常供两陶罐清水。祭舍勐时各家将糯米舂成糯米粉，送到头人达岗家里，由达岗代表各家煮成汤圆，奉献给舍勐。奉献的时间要选在太阳落山时，达岗把汤泼洒于地，将汤圆分给全村群众共食。民间以为吃过祭祀舍勐的汤圆，可以保佑身体健康、吉祥平安。生活于云南勐海布朗山等地的布朗族立"寨心桩"。通常在村寨中央竖立一根大木桩，周围用石块砌成一米左右的高台，作为全寨最高神灵的住所，称为"寨心神"或"社神"。有的村寨则立五根木桩，中间一根削尖。寨心桩为全寨团结的象征。

少数民族村寨祭祀，与其民居宅地的选择存在着密切的关系。当地少数民族认为，靠山建房可以使房屋牢固。在建造房屋时正屋的中轴线必须与象征山神的山峦对正，忌讳面对山谷和山沟。平坝地区的房屋也遵循该原则，屋脊的吻兽不能正对他人住房的正面，以防冲散人家的财气。

宗教活动及著名佛教建筑

佛教在西南藏族、傣族、德昂族中不仅仅是宗教信仰问题，而且对于社会中每个人的日常生活都起着支配性的作用。过去家家有僧侣，人人信佛教，寺庙不仅占有大量的物质财富，而且对人们的精神世界影响极大。同时，西南民族的佛教信仰属于不同的体系。藏族信仰的藏传佛教属于大乘佛教的范畴，而傣族、德昂族信仰的佛教属于小乘佛教的范畴。由于教义、教理及地域自然景观的差异，喇嘛寺庙与小乘佛寺有较大的区别。

傣族人民信仰小乘佛教，佛寺几乎遍及各个村寨，佛寺一般选择在村寨位置显要、风景优美的地方。佛寺由佛殿、经堂、僧舍和佛塔组成。与汉族寺庙的封闭院落完全不同，傣族寺庙总体布置与民居一样，随意而灵活，根据地形地貌在开阔平坦的场地布置建造佛寺，场地周围种植高大的树木。寺门至佛殿有引廊连接，殿前的过渡空间，既增加了佛寺的肃穆气氛，还可以遮阳避雨，摆放随身物品。佛殿方位为坐东朝西，佛像安放在西面第二间，据说是因为释迦牟尼成佛时面向东方的缘故。佛殿的入口避开中柱，一般偏向北侧。落地式的殿堂建在高台基上，显然受到汉族佛教建筑的影响。

傣族佛殿庞大高耸的屋顶十分醒目，其丰富独特的外观轮廓，华丽优美的造型与装饰，给人们新奇的印象。傣族佛殿的屋顶为歇山式，但与汉族佛寺的屋顶截然不同，歇山坡面有两到三个折角，构成二三层重檐式的歇山屋顶。正面的屋面为中间高、两边依次跌落的形式，形成重叠的屋面。在本来就硕大的歇山山面上，往往再加一重横檐，并用斜撑挑出。经过上述精心的处理，歇山屋架形成了上坡陡峭，下坡平缓，折角优美的特点。傣族佛寺不仅结构造型美观，而且注重建筑的装饰。在大殿的正脊、垂脊和戗脊上都设置成排火焰状、塔状和孔雀状的琉璃饰品，屋脊中部及两端布置石灰塑造的卷草图案。佛殿内部的梁柱涂饰漆料，并有拜佛人贡献的金粉花饰，傣人称为"金水"。绚丽雄伟的屋顶造型堪称傣族建筑风格的艺术精品。同时更令人敬佩的是，如此大型复杂的建筑，其结构方案及施工手段并不复杂，仅仅是将柱子和檩条做成不同长短而已，如此简单的做法，却取得如此多变的效果，充分显示了傣族人民的聪明智慧。

"八角亭"

在遍及傣族地区众多的佛寺中，出现了一些建筑杰作，例如勐遮景真佛寺的经堂。这座建于清代人称"八角亭"的经堂，以独创的优美造型闻名于世。经堂以高台须弥座承托，堂屋的平面布置是多折的折角"亚"字形，共有 16 个角。屋顶分八个方向分布了八组十层双坡面的悬山屋面，重叠递次上升，其相贯线呈曲线形渐次收缩，最终收于一个圆盘。各个条脊上布满饰物，造型玲珑剔透，整座经堂美轮美奂，是难得的艺术佳作。

在西南地区具有代表性的塔是喇嘛塔和傣族佛塔。佛塔的形式也多种多样，分单塔、双塔和群塔。佛塔系砖砌的实体，由塔基、塔身和塔刹组

傣族佛塔

成。塔基一般为方形，四角各有面向外的蹲兽，上沿布置了一些花蕾形的短柱。塔身平面为折角"亚"字形，外观修长，挺拔秀丽。建于宋代 1204 年的景洪曼飞龙塔是一座珍贵的建筑

文物。该塔的基座是一个圆形片面的须弥座，在须弥座的八个方向上有八个双坡顶小塔龛，龛内供奉佛像。在塔龛下面的轴线的位置建了八个小塔，紧紧地环绕着中心大塔。诸塔耸立，如雨后春笋，故傣族称之为"塔诺"，意为竹笋。

大理三塔

白族著名的大理三塔是一组唐宋的群塔，大塔居中，二小塔稍后，成鼎足之势，布局统一，造型和谐，相互辉映。主塔称千寻塔，高69.13米，为16级密檐式方形砖塔。每级四面有龛，相对两龛内供佛像，另两龛为窗洞。塔的基座呈方形，分两层，下层边长为33.5米，四周有石柱，四角柱头雕有石狮。上层边长21米。塔基两面设塔门，塔内装有木架，循梯可达塔顶。南、北两小塔，均高43米，为10级密檐式八角空心砖塔。外观基本与主塔相似，顶端均有金铜刹、宝顶。巍峨挺拔、雄浑秀丽的群塔是古代劳动人民智慧的结晶。

地处阿坝藏族自治州境内的九寨沟，处处可以看到白色的佛塔。该地区的佛塔为覆钵式，俗称喇嘛塔。佛塔均由塔座、塔身、十三天、塔刹、日月金顶组成。塔座和其上面的台阶造型，必须是五层。塔身部分是半圆形的覆钵，正面朝东都开一个窗洞，左右外墙的周边设桃形窗框，里面覆八宝图雕花。塔身之上用大小不同的圆盘状片石，砌成锥形立在其上，称为"十三天"。塔的顶部是塔刹，有铁皮或铜皮制作的莲花罩，置于"十三天"之上。莲花罩下沿一周，挂金属的璎珞，顶部托举华盖、仰月、珠宝等。九寨沟的每个寨子，在开阔而显著的位置，都建筑高大雄伟的白色佛塔，为数众多的藏民还在自己的宅子前建筑白塔，在扎如寺和树正寨的正面还建有排列一行的九座白塔。藏民崇拜白色，视白色为吉祥色，白色的佛塔成为藏族传统文化的一个象征。

佛教建筑是神圣的建筑，但是它又与世俗有着紧密的联系，它是佛教信徒崇拜和做佛事的地方。而其建造者又都是民间工匠，这里包含着佛性与人性的矛盾。一方面引导人们脱离尘寰，崇尚佛的伟大，让苦楚的灵魂飞升佛国，另一方面又在一定意义上寄寓着乐生欢愉的理性情调，脚踏实地于人生大地，既是神圣佛性的一曲响彻云霄的赞歌，又是对人情世欲大气磅礴的挥写。

第四章

中南、东南地区少数民族民居

在祖国的中南、东南地区，居住着壮族、瑶族、仫佬族、毛南族、京族、土家族、黎族、畲族和台湾统称为高山族的 9 个族群。这个地域虽然有重山的阻隔，但却是一个多水的地域，并以稻田耕作为主。壮族的先民——古越人为稻作文化作出了突出的贡献。在建筑文化上，为了适应这里的特殊的生态环境，他们创造了丰富多彩的居住文化。距今7000 年前的浙江余姚河姆渡文化，就有干栏式建筑。此外，黎族的船屋、畲族的建筑也都别具一格。为台湾的发展作出贡献的多个族群，其建筑也自成风格。这些民族的民居文化成为我国丰富多彩的民俗文化的重要组成部分。

不同民族的干栏式建筑

悠悠左江，源远流长。分布在广西壮族自治区、云南文山和贵州黔东南等地的壮族，居住在湘鄂川黔比邻的崇山峻岭之中、江河溪水之间的土家族，还有分散于广西部分地区的仫佬族、广西北部苍翠幽静的山乡里的毛南族、广西南部的京族，以及聚居在海南省中南部的黎族，均以干栏式的房屋作为其传统的居住形式。

壮族的干栏屋

壮族传统民居是"干栏屋"。与西南少数民族的民居相比，壮族的干栏屋为二层结构，长方形、人字顶。在干栏屋的左侧或者右侧，建有与正屋齐高的晒台，并有侧门与厅堂相通。壮族是稻作民族，有着悠久种植水稻的历史。为了烘干粮食，干栏屋要适当地加高，因而有高达三层的干栏屋。

由于地区不同，壮族的干栏屋千姿百态。广西百色和云南文山地区干栏屋成"凹"字形，前面的缺口处留有登口，凹处的走廊形成一个长方形的空间。云南文山地区的干栏屋走廊上盖顶棚，以45°角斜向前方，棚上的侧高度在二层窗户之下。走廊两边的耳房或侧墙顶盖上顶棚，呈"人"字形，给人轻巧的美感。桂西北地区，在干栏屋前面正中位置建有高于干栏屋顶的望楼，也有的前方左右侧接上抱厦或耳房，形成四合院，院门上方便是望楼。

干栏屋用木板围成，主建筑分上下两层，外山墙增加偏厦，前面有抱厦和望楼。平房是由干栏屋演变而来的砖墙瓦顶建筑，受汉族建筑形式的影响很明显。壮族居室还有"四封山"土屋、"二封山"土屋，半统泥墙屋和半干栏建筑，这些都是由干栏屋演变而来的。

明清以来，壮族地区富贵人家的民居，普遍采用砖木结构的建筑形式，与中原汉族的民居无多大差别。贫苦农民仍是就地取材，因陋就简，"茅檐土壁瓮牖而居"。这种差别一直持续到近现代。而干栏式建筑一直是壮族民居形式的主流。

在壮族乡村宅园建筑中，具有民族特色的"入寮"建筑，丰富了壮族的建筑式样。据《赤雅》描述"入寮"建筑："婿来就婚，女家五里外采香草异花结为庐，曰入寮，锦茵绮筵，鼓乐导男女而入。"入寮本是为了迎亲喜事而建的草木建筑，但很快就演变成高耸入云的罗汉楼，《小方壶斋舆地丛钞》记载了这一建筑的结构和功用："以大木一株埋地作独角楼，高百尺，五色瓦覆之，灿若锦鳞，歌饮夜归，露宿其上，曰罗汉楼。"

土家族、苗族的吊脚楼

湘西土家族和苗族都住吊脚楼，以挑廊式为主要特征。但有些苗族村寨的吊脚楼在挑廊的外围全部用木板装修，并设有木窗，这样的外观不同于开敞式，但也保留了吊脚楼向外悬挑的特性。另外实对比较强，光影变化丰富。厚重的实墙上常常开若干小窗，凹入的门廊，形成深深的阴影，构成一个"灰"色空间。吊脚楼一般三层，底层为猪圈，二层为卧室。因它本身没设翘角，也没有空花栏杆，因而显得不够轻巧。但建筑的多向挑廊形式和屋角微有走翘，远观时整体性很好。由于坐落于公路侧面的山坡上，居高临下，显得气度非凡。

湘西吊脚楼

　　土家族吊脚楼在苗族聚居的酉水两岸，如拔茅、隆头镇，还有峒河岸边的吉首，沱江之畔的凤凰城，都是吊脚楼集中展示其风采的地方。它们以群体的方式，体现出的宏伟壮阔、气势磅礴的美，给人带来心灵的震撼和艺术的感受。

　　干栏式吊脚楼似与河流急滩结下不解之缘。从对挑廊式吊脚楼的介绍中不难发现，它很少直接位于河滩岸边，往往散布在崇山茂林之中。而干栏式吊脚楼却相反，它们的嵯峨风姿往往以群山为背景，以河滩作衬托，成群连片，浩浩荡荡地沿河岸展开。这是干栏式吊脚楼的主要特征。

台湾多个族群的干栏式建筑

聚居在台湾的少数民族按语言、习俗和聚居的区域不同，分为9个族群。其中卑南人和阿美人都有干栏形的建筑。阿美人为高山族中人口最多的一支族群，分布很广，住房多建在平地上，无固定的朝向。房屋以方木为柱，木板为墙，茅草盖顶。从外表看似与普通茅草房没有差别，但实际上屋架与干栏建筑完全相同，也是桩上屋宇，门开在正面。屋内原为单间，后来受到汉族的影响，分成寝室、起居间及厨房等。

台湾少数民族的公共建筑也有干栏式。例如雅美人的公廨和仓库，一般都是在桩上建筑，与古代越族的干栏式建筑相同。平埔人的住房也属于干栏式建筑，也就是"架室入梯"的桩上建筑。卑南人少年集会的场所是全部用竹子缚扎的圆形干栏式建筑，上层离地约两米高，为架梯入室的桩上房屋，室圆形，使用竹篱环绕，圆形居室四周设沿廊，不设栏杆。少年男子每年八月至来年元月居住于此，居住期过后，一般将其拆除。

早期见于台湾西部平原，由大陆沿海传入高山族地区的一种仓储，也为干栏式建筑。先立树桩若干，桩顶铺木板丙建谷仓。桩上套有防鼠的圆石板。黄叔敬《台海使槎录·番俗六考》："贮米另为小室，名曰圭茅。或方或圆，或三五间、十余间毗连。"每间可容米谷300斤。这种高山族的干栏式粮仓，流行于台湾南投、苗栗和花莲等地。

毛南、京族、黎族的干栏屋

毛南族的干栏屋，内、外山墙全以木为构架，结实稳当。外墙以竹篾编织而成，围以木板，显得轻巧。门外有晒台，是防晒和纳凉的理想场所。毛南族干栏屋的特点是，墙基多用青麻石加工砌成，所以非常牢固。房子的正前方有左右包厢，使干栏的整体呈"凹"字形，美观实用。

京族也保持了干栏式建筑的遗风。广西壮族自治区北部的仫佬族，其所居住的忻城、柳城、都安和环江素有"山乡"之称。仫佬族族称始见于宋代古籍，他们自称为"木冷"或"谨"，其房屋也是干栏式。对此，《庆远府风俗志》中也有记载，称其为"栏居巢处"，说的就是仫佬族传统的干栏式的居住形式。

明人顾山介在《海槎余录》中谈到："凡入黎村，男子众多，必伐长木，两头搭屋各数间，上覆以草，中剖竹，下横上直，平铺如楼板，其下则虚焉。登折必用梯，其俗呼曰栏房。"黎族的祖先普遍建筑干栏，清代张庆长在《黎岐纪闻》里说，黎族的住宅有高栏和低栏之分。

干栏屋的起源

干栏式建筑起源于什么时候？这是一个颇有意思的问题。

距今 7000 年前的浙江余姚河姆渡遗址是稻作文化的表征。河姆渡文化中早就出现了干栏式的建筑，而今在我国少数民族地区依旧存在。壮语称"屋"为"栏"或者"干栏"，称回家为"麻栏"。壮族的干栏起源于"巢居"。所谓巢居，即把住所直接构筑在一棵或数棵树上，若鸟巢然。晋人张华在总结先秦至汉关于初民住所的起源时，曾指出南方越人的巢居，主要是为了适应南方炎热多雨、潮湿的气候环境。而壮族先民何时将住所筑在一起，形成聚落，至今尚无定论。从文献上看，南北朝时僚僚的"栏居"已和远古时代的巢居有了一定的区别。晋朝沈怀远所作《南越志》一书记载"栅居，实惟僚僚之城落"，其特点是"构木为巢"，而非依赖于自然生长的树枝。住址可以随意选择，甚至移至平地。建筑材料除树木外，还可利用竹、茅草、泥石等。这种栅居实际上是壮族村落的雏形。宋代，僚人在此基础上将其进一步发展成上下两层，编竹为栈、苦茅为栅的"干栏"，"上以自处，下蓄牛豕"，形成了相对稳定的聚落。《岭外代答》还记载，当时"广西诸郡，富家大室，覆之以瓦，不施栈板，唯敷瓦于椽间"，这可能是壮族地区较早改为平地居住的砖瓦建筑。

石房、木屋、茅屋、船形屋

由于区域不同，族群不同，我国中东南民居呈多种形态。

瑶族的民居

在我国拥有 200 多万人口的瑶族分散居住在广西、广东、湖南、云南、贵州和江西等地。瑶族是一个古老的民族，一般认为，瑶族先民为秦汉时代长沙武陵蛮的一部分，或者说是五溪蛮的后代，另外还有瑶族源于三苗九黎集团的说法，将其历史又往前延伸。瑶族的居住文化具有漫长的历史，在《后汉书·南蛮传》里有其祖先盘瓠"止石室中"的记载。后来，又"采竹木为屋"，形成巢居。由于在历史上受到汉族统治者的压迫，瑶族的谚语说："官有万兵，我有万山，兵来我去，兵去我还。"这个居不离山的民族，根据自己的生态环境创造了自己的居住文化。瑶族所居地不同，支系繁多，其居住文化也呈现多元化的状态。

瑶族的房屋结构，说来可分为三类：（1）砖墙、木架、瓦盖；（2）泥或卵石墙，盖顶有三种，即瓦盖、竹盖、杉木皮盖；（3）木架围篱，盖顶有三种，即竹盖、杉木皮盖、茅草盖。花蓝瑶、茶山瑶、坳瑶多居前两种类型的房屋；盘瑶、山子瑶多居第三种类型的房屋，而广西南丹县的白裤瑶，相当部分的人家居住条件尚不及第三种类型。瑶族大多数民居都有天井，约有二丈五见方的面积。在天井两边有住房，一般都有楼，分上下两层，下面住人，上面很少住人，多数用来堆放东西。广西龙胜红瑶的住宅，屋宅依山坡自然而建，分前后宅，前宅分为两层，后宅为一层，也有的住宅前宅为三层，后宅为两层。前宅的下层为畜栏、厕所。住宅的建筑面积称为"空"。所谓"空"，就是墙基围住的一个空间单位。以三空房宅的式样较为普遍。

广西富川瑶族自治县的瑶族人民，原先住在山区，后来逐步下山定居。他们的住房建筑十分别致，这是吸取明朝汉民族建筑工艺，结合本民族特点逐渐形成的。其建筑形式，大体上有三间平列、两间平列和一个天井两种。一般都有层楼，有花纹图案。三间平列的，中间是一大间厅堂（也有分内外两间的），左右两间，分内外两间，里面是住房，外面做厨房或堆放零星东西之用。两间平列的，一间做厅堂，另一间分内外两间，里面为卧室，外面是厨房。厅堂正中，一律设有神龛，楼上大部分住人，少部分不住人，用来堆放东西。屋墙清洁，平整美观。前面屋檐向外伸出，设凉台，画有谷穗花纹图案。屋顶上砌高出两块厚砖，画有凤凰色彩或双龙争珠等花纹。正面看起来似宫殿式的艺术，引人入胜。

黎族的船形屋

如果说瑶族的房屋显示的是多样化的色彩，黎族的船形屋就更具有民族特色和地域特色。船形房屋主要分布在海南省，在新中国建立前还保留了一种架空的"船形屋"。它的外形像一条被高架起来的船，屋顶为弧形，如船之篷，顶覆盖茅草，下以木架之，离地面高尺许，有的高二三尺。整幢房屋由前廊与居室两部分组成，前廊被屋檐遮盖，可以作为一个凉台。整个房屋用木柱支撑，用竹片和藤条编成地板，靠小梯子上下进出房间。

黎族船形屋

船形屋顶呈半圆拱形，用竹木为材料建立构架，使用藤条进行捆扎，再用茅草铺设屋顶。内部间隔像船舱，前后设门，一般不开窗户。实际上，五指山的中心地区，地理位置偏僻，四周环境荒芜，不开窗户可以起到防风、防兽和保温的作用。

船形屋是黎族的一种传统居住房屋，关于它的历史，有一个动人的传说。据说，古时海南岛上没有人烟。大禹时，南海有一个俚国，国王有个叫丹雅的公主。她嫁了三个丈夫，三个丈夫先后都死了。"相师"传言她是扫帚星下凡，在家家破，在国国亡。一时弄得满城风雨，人心惶惶，纷纷请求处死丹雅公主。而此时，丹雅公主已身怀六甲，国王不忍下手，便在一个北风呼啸的清晨，备了一只无舵无桨的小船和一些酒食，以及一把山刀和三斤谷种，把丹雅公主放到船上。丹雅公主养的一条小黄狗也跟上了船，小船在风中漂入了茫茫大海。不知过了多长时间，丹雅公主的船在一个荒岛岸边搁浅了。她看到了远处的高山峻岭，也看到了成群的猴子无忧无虑地穿行于林间，所有的忧郁和恐惧一下子消失了。在饱餐了野兔和鸟蛋之后，丹雅公主在这个荒岛定居下来。为了躲避风雨，防御野兽的侵袭，丹雅公主在海滩边竖起几根木桩，然后把小船倒扣在木桩上当屋顶，又割来茅草围在四周，她有了属于自己的家。白天，她带着小黄狗上山打野兽、采野果。晚上睡在船屋里，小黄狗忠实地守在门口。后来，船板烂了，她割下茅草盖顶，这就是后来黎族人所居住的船形屋的雏形。这个凄凉的传说，与考古学家论证的黎族先民渡船来到海南岛有些相似。据考证，黎族在远古时代是从两广大陆直接渡海而来。也有一种说法，说黎族曾经在沿海一带生活，外形似船的住宅，可能是为了回忆和祭祀黎族的祖先坐船渡海来海南岛的。

在船形屋内，除了床铺、农具和堆放粮食外，屋内还放置"三石炉灶"或砖泥马蹄形灶。黎族把炉灶放在屋内有以下好处：（1）过去经济落后，生活贫困，冬天无御寒衣物，只好在屋内生火取暖。（2）由于烟熏作用可以赶走蚊虫，使房屋不易受虫蚁蛀蚀。(3) 由于火种缺乏，在屋里整日燃烧便于照顾火种。这是上古传下来的保存火种的遗风。现在大部分黎族地区改用高约40厘米的汉式砖灶，三石炉灶基本上消失。后来，黎族人民又将船形屋直接建造在地势较高的地面上，并且吸取了汉族造床而睡的做法，改变了过去架空地板而席的习惯。

黎族民居大体有3种类型：(1) 铺地型。流行于昌化江上游的通什、番阳和毛阳等地。大屋有主柱4根，屋顶开两个天窗，屋里设有两个炉灶，屋的头尾两端对开一道门；小屋有主柱两根，屋顶开一个天窗，设一个炉灶，也于屋的两端开门，以红藤条或竹条或小树枝做骨架和地板，扎以白藤片。地板用石头垫高一尺左右。屋顶盖以茅草片，垂至地面作墙。(2) 高架型。流行于南渡江上游的白沙等地。相传"本地黎"祖先也住铺地型，后因狗下凡吃人，地上又爬满了螃蟹和蝎子。为防止这些恶物侵害，遂改住高架型。屋基用许多木桩支撑起来，离地面高约两米，上屋住人，下层饲养牲畜，整个外貌与铺地型基本相同。但前门离地高，后门接近地面，整体成倾斜状。(3) 向"金字型"过渡的布隆趄竿。主要流行于乐东、东方、昌江等地。外形跟铺地型相似，均为圆拱形茅草顶，门立在两端，屋檐下垂至地面，有的有矮墙，没有架空离地的地板；有的房子三面都没有墙壁。

台湾多族群的建筑风格

除干栏式建筑外，台湾排湾人的住房建在山坡上，入口位

少数民族民居

于低坡面。房屋一般建在地面上，也有的在房内挖低半米左右的。以圆木或立石板为柱，片石作墙壁，在山字形的屋顶上铺板石为顶。但是也有用大块板石盖顶的。屋内分单室和复室两种形式。入口为一个或者两个，都开在正面。地面也用石板铺地。过去传统的床也是用石板铺成的，不仅以石板铺地，而且以石板铺床，可谓是名副其实的石屋。

此外还有，有的住屋在前厅左右两侧，还竖立雕有人像或者蛇身的独石柱。木屋用方木为柱，木板为墙壁，木板或茅草盖顶，实为木结构房屋。排湾人木屋的独特之处，也是在梁、柱、檩以及屋门、房壁雕刻人和蛇的图案。这些雕饰象征着大头目或小头目的权势，雕饰非常美丽。

在设有祀祖或祭仪的灵屋内部，也有很美观的雕柱，灵屋又为大南村的公廨，除了有代表公廨之神的人形石像雕刻外，在床侧和炉灶处前方的木柱上，还刻有人像雕饰。排湾人立柱雕饰主题都是祖像，形象一般是左右对称的正面像，双手举于胸前，两足直立，腕臂有重叠镯钏纹，腰有束带，作三角纹或圆纹，头顶刻兽角或一双百步蛇，或一条卷蛇，男女生殖器也很明显，双眼之中或嵌瓷片，脐部或镶瓷纽。这种祖像，最高有3米，宽40厘米。

布农人的住房多建在险峻的山腰地带，以圆木为梁柱，以片石或茅管为墙，以莽草或树皮做房顶。部分布农人完全使用片石砌墙、铺地、盖顶，建成石屋。曹人的住房多建于山腰平坦的位置，结构与布农人的住房相似，不同的是，他们还有屋顶呈圆形和椭圆形的住屋。

鲁凯人多背坡建房，先将基地铲平，做成半地下的住房，大木为梁，石片为墙，石板为瓦。屋顶为山字形。屋内高两米多，屋檐仅一米左右，入门须弯腰而进。

雅美人的住房一般建在沿海山麓的坡地上，面海而居、就地取材，用海边卵石垒成地基和墙壁，外部蔽以茅草。房屋地基挖得很深，屋内地面下凹2米~3米，这样的半地下的房屋可以有效预防台风的袭击。雅美人一般在屋外建一个凉台，作为一家人休息娱乐的场所。

泰雅人的住房一般都建在山腰地带，分两种形式：一种房屋建在地面上，另一种房屋建在半地下。屋檐一米多的半穴居形式的建筑，大部分是以圆木为柱，小圆木横垒为墙壁，树皮做屋顶。半穴居形式的建筑，在屋内下沉部分，用石头和土做成墙围。

赛夏人的住房一般顺势建在较为平坦的山地处，结构形式与泰雅人的住房大同小异。差异在于，泰雅人的住房是一个统间，而赛夏人的住房一般分为两室或三室，室与室之间开过门。

台湾少数民族民居中还有一种竹屋。竹屋的墙用竹子制作，因台湾地区盛产一种刺竹，高4丈~5丈，大者直径有1.5尺~1.6尺，茅枝横生，刺似鹰爪。因多刺坚利，民间用以制篱做墙，可防盗贼，甚至用来做城池，官署亦以刺竹作墙。敌贼入其中，能缠发毁肌。刀砍火轰，也会留下竹桩，仍可牵制敌人。清康熙郁永河《台海竹枝词》："编竹为垣取次增，衙斋清澈冷如冰。风声撼醒三更梦，帐底斜穿远浦灯。"

别具特色的畲族和土家族民居

居于福建的畲族和主要居于湖南等地的土家族的民居别具特色。

畲族的民居

清代以来，畲族的住宅逐渐发展为以土木结构为主流。福建畲语称为"土墙厝"、"木寮"，浙江畲语称为"瓦寮"。

瓦寮、土墙厝都为土木结构。四面筑墙，屋架直接放置在山墙上，屋顶呈"金"字形，覆盖瓦片，俗称"檩人字栋"，有四扇、六扇、八扇之分，所谓一扇，就是由五至七根木柱以楼锁和檩子连接成的一个屋架。两扇对峙竖起，上部与中部用横梁串接，形成大型的屋架。这种大厝、柱子、穿枋、过梁多达数百根，都出自畲族木匠之手，他们凭借经验，不用一钉一铆，将木结构制作得坚固耐用。

这种木结构的房屋一般为平房。平面布置为方形，屋内一般都是一厅，左右为厢房。厅堂分为前后厅，中间用木屏隔离，前厅两侧开小门，左门顶上设神位，右门顶上设祖神位。后厅放置日用杂物，如磨、臼或饲养家禽等。左右两厢房各分隔两间为卧室，室内陈设简陋。右厢房后段多为厨房，厨房一般不设烟囱。由于山区气候寒冷，每家灶前设一个火炕或火塘，冬天全家围坐火塘，烤火取暖。

旧时，畲族传统民居中有"草寮"，这是一种木结构的草房。草寮一般以木为架，以竹为椽，以篱笆糊泥为墙，茅草编帘当瓦，用藤捆缚。一般为三间（也有一间），中间称中堂，摆放农具家什，中堂靠正中的墙壁设香火，摆放祖宗牌位，墙壁上贴一张红纸，上写本家姓氏出于何郡（如雷姓为"冯翊郡"）。左右对联写"祖宗龙麒公"、"出朝在广东"。逢年过节，以食物供奉。东侧为厨房，西侧为卧房。父母、子女可同睡一个房间，男客来由男主人作陪到客间睡，女客来了由女主人陪伴去客间睡。里面还有一个"土库"，用泥做墙，具有冬暖夏凉和防火、防盗作用。但畲寮矮而狭窄，光线不足，通风性差。这种建筑流行于浙江、福建、江西和广东等地。畲族户户养家禽。猪栏为矮小的房子，有的设在屋内，有的设在屋旁，鸡舍一般在楼梯下。牛舍与住房为邻，或建在村边。

清代，富裕的大户还建造了大型宏伟的"大厝"，大厝集中显示了畲族工匠高超的建筑技艺。据丘国珍教授考察，建于清道光三十年（1850年）的福建霞浦樟坑畲村的蓝氏樟坑大厝堪为经典。该大厝选择在高400米，而且险峻的鹰嘴崖建造，占地 4.9 亩，建筑面积 3266 平方米。在轴线上建造了三座整体衔接的大瓦房，纵深 60 米，宽 52 米，每座 12 扇，共 99 根大柱，9 个厅，94 间房。每厅 22 平方米，每间厢房 12 平方米。采用穿斗抬梁式，悬山顶双层木结构，上下出檐，屋面呈凤凰展翅状。楼高 6.5 米（其中一层高 4 米，二层高 2.5 米）。前、中、后三座屋各有一个天井，周围砌成高达 7.5 米的马鞍形风火墙，与外界封闭，仅在东面开设双重门以供出入。

大厝设门楼亭，外加"半白门"。门内有小天井，中立石香炉，其高 1.6 米，四边雕刻花卉。越小天井入内，经踏阶前座大天井，见内竖一石刻大蝙蝠，其中还套刻小蝙蝠，造型生动逼真。大厝廊前排列 12 根大柱，支撑着檐前大梁，柱础为双层石鼓。檐口斗拱，顶为卷棚。三座厅堂顶端均悬挂黑底描金字的祝寿匾额。厅堂正壁镶嵌着 80 厘米左右的龙凤圆形浮雕的"福"字图案，两边木雕蝙蝠衬托，其下横面嵌入长 1.6 米，宽 60 米的菱花木格。廊前厢房门窗雕刻菱格花纹，前后厅隔开。

厝内装潢讲究，立柱梁架交错有致，斗拱榫卯连接无间，门窗有精美的菱花木雕，并有花卉点缀其间，室内饰物、神龛、祖宗牌位以及中堂摆设的几桌等，都雕刻着具有畲族特色的形状各异的人物、禽兽、花卉的精美图案。此座精致的畲族大厝，不仅显示了独具民族特色的建筑水平，而且展现出丰富的文化内涵。

流行于福建、浙江等地的畲族民居喜欢饰物。相传金凤凰曾给畲族人带来幸福。古代有位畲族后生叫盘阿龙，凤凰给了他三根羽毛，作为有困难时点燃之用。后来，当阿龙母子挨饿、受冻时，凤凰就衔来谷种、苎麻籽，教阿龙播种，使得他们衣暖食饱。阿龙结婚时，金凤凰又忍痛卸下自己的头髻

土家族吊脚楼

和尾巴，做了一身凤凰装给新娘，并祝他们夫妻永世如意。畲族人视凤凰为吉祥物，每逢婚娶喜庆的日子，人们都要用大红纸，写上"凤凰到此"四个字，贴在厅堂的正壁上，表示吉庆。

土家族民居

湘西土家族民居往往选择在依山傍水的地方，传统村寨以同姓同宗为一村一寨，以姓氏为寨名，后来有所改变，逐渐以地名为村寨的名字。

中南、东南地区少数民族民居

　　土家族建筑有"三柱六棋"、"五柱八棋"之说。大富人家有"七柱十一棋"和"四合天井"的大院。一栋屋一般是三大间（即四排三间），也有六排三间的，最多是"七柱十一棋"的大屋，共有十排九间。一栋四排三间的房屋，中间的一间叫"堂屋"，是祭祀祖先、迎宾客和办理婚丧仪式的地方。堂屋两边的左右两间叫"人间"，是住人的，"人间"又以中柱为界分前后两小间，前面一小间做伙房，内设三尺见方的火炕一个，周围用三至五寸青石板围着。火炕中间，架一个三脚架，煮饭、炒菜时架鼎罐、锅子用。火炕上面一人高处，有一架从楼上吊下的木炕，是供烘腊肉和炕湿物用的。后面一小间作卧房。父母住左边"人间"，儿女住右边"人间"，年长者住堂屋神龛后面的"抱兜房"。

　　土家族房屋不论大小都有"天楼"。楼下住人，楼上分板楼、条楼两种。在卧室上面的是板楼，用木板铺的楼板，是放装粮食的柜子和桶子等各种物件的。伙房上面是条楼，用木条（土家叫"筋条"）或竹条铺成有间隙的条楼是专放包谷球及其他需要炕干的各种粮食和瓜果的。在正屋的两头，习惯地一头转个"马屁股"，一头按个偏屋。在"马屁股"间打灶、安碓、磨，兼作食堂（一般吃饭在伙房）；在偏屋里设猪、牛栏和厕所。较富裕的人家，还在正屋前面左右两边建厢房或吊脚木楼，楼下做猪栏、厕所，楼上是姑娘楼，是闺女们织土被面、绣花、绩麻、做鞋等活动的地方。

厢房也分上下两层，下层做粮仓和安碓、磨；上屋做书房、客房。

为了防止盗贼，房屋四周用石头、土墙做围墙。房屋前面是晒坪，晒坪外面靠南的一边接围墙。房屋周围绿竹修林、绿荫蓊郁，具有和谐宁静的氛围。

寺庙、祠堂、桥梁及公房

中南、东南少数民族村寨公共建筑是中南、东南地区少数民族建筑的重要组成部分。而由于民族不同、地域不同，村寨公共建筑又显示出不同的形态。其中主要包括：

宗教建筑

我国东南地区各少数民族都有较为丰富的民间信仰，进入文明社会以后，这些民间信仰仍有遗存。这些民间信仰崇拜的神祇的物化形式，就是宗教建筑。例如观音庙建筑、白帝天王建筑，各具风致的土地庙建筑等。

村落的庙宇也是聚落的重要空间。据记载，广西东山瑶族祭祀开天辟地的盘王活动，兴起于宋朝，世代沿袭，绵延至今，以前各村建有盘王庙，并推举出筹备主持祭祀的头人，大多是一年一届。头人的多少由村寨的人口多少决定，一般在十人以内。头人负责筹集每年祭祀所需要的经费及三牲酒礼。每年在春节期间就把头人安排就绪，到最后一次庆典结束（即十月十六日"罢稿节"）结账公布于众。大型的祭祀活动如：农历三月三为上皇盘古生辰；六月六是中皇盘古生日；十月十六日三皇盘古生日，也是"罢稿节"，庄稼丰收，陈仓满载，举行盛大庆典，酬谢盘王和众神，保佑瑶家获得好收成。除上述大型祭祀外，还有一家一户的小型祭祀。这是村民集会的重要空间，在村落中处于显耀地位。

广西城内土司衙门旁边，原有浓智高庙，骨架为干栏式，砖墙、鱼鳞瓦。分为三进，一进为白马殿，祭祀浓智高的坐骑；二进为将领的享殿，有诸位将领的塑像；三进供奉浓智高及其祖先的牌位。

土家族的"摆手堂"也体现了民间信仰，是土家族祭祀祖先的地方。过去，在过盛大节日的时候，土家族在这里隆重地祭祀祖先，然后在这里跳起摆手舞。

祠堂建筑

祠堂是宗族的专用建筑，浓缩了宗族的历史和文化传统。早年，迁徙不定的畲民没有建筑意义上的祠堂。《龙泉县志》载："畲民祠堂极可笑，仅以竹箱两只，一置香炉红布袋，一置画像，即呼为祠堂也。"畲族居民定居后有了祠堂，而且越盖越讲究，祠堂的演变见证了畲族一些家族由小到大、由弱渐强的发展历程。

祠　堂

　　畲族祠堂，以福建最为讲究，特别是闽南的畲家祠堂，十分华丽。闽南畲家祠堂俗称"家庙"。畲族祠堂虽然规模大小不同，但建筑形式各地大体一致。大型的祠堂有前后厅，大厅内设祖龛，左右有走廊，前后厅各有侧房，中央是天庭。小型祠堂形式一样，只是前后厅没有房间，在后厅设神龛。祠堂主要用于祭祀祖宗。畲族的祖灵观念很强，崇拜祖先是维系宗族体系的精神支柱。很多宗族都有成套的祭祀礼仪，代代相传，十分隆重。每年春节和旧历七月十五日（或清明与冬至），各大祭一次。平时宗人亦偶有进香、礼拜、许愿或祈求祖先庇护。大祭期间，全族一起祭祀传说中的本族始祖"盘瓠忠勇王"。据各地宗谱称："盘蓝雷钟四族"乃"一脉相承"，同为"盘瓠氏"后裔，在广东凤凰山有同祭"盘瓠氏"的总宗祠。

畲族祠堂的陈设传统而讲究，畲民有六件镇祠之宝，即族谱、香炉、祖图、族杖、祖牌和楹联。

桥梁及公房

由于东南、中南少数民族大多居住在水乡，因而修建桥梁显得十分必要，桥梁也成为一种具有普遍意义的公共建筑。瑶族建造的桥梁叫"功德桥"，建桥梁也叫"做功德"。建造活动大多是以自然村落为单位，也有的联合几个村落进行。节日前的重要活动就是架"功德桥"，村民捐款献料，上山砍大杉木，群策群力，建筑新桥。"功德桥"建成后，人们欢歌曼舞，欢度通宵。

湘西土家族、苗族的公共建筑还包括各式各样的桥梁，例如梁桥、拱桥和廊桥等。梁桥是设的石梁或木梁，以便行人通过。湘西村镇使用半圆形拱桥居多。各种不同跨度拱桥给村镇增加了魅力。廊桥也叫亭桥，亭桥在湘西称作"风雨桥"，桥建成这种形式，是为保护桥面木板，同时也兼做行人遮风避雨之用。此外，上述地区还常常修建凉亭，每隔五里或十里就有一座，便于人们休憩。

此外，村中的空地、汲水的井台、交通的路口、供人休息的凉亭、象征村庄的古树和村口旁边的"石敢当"等，也都是村庄聚落的重要标志。"石敢当"的样子各异，有的是一块石头，有的呈瑞兽的形状，它们矗立在村寨口，都有避邪求吉、護卫村寨的功能。

村寨聚落景观

作为整体的聚落环境，是一个民族文化的产物，是聚落群体集体意识的反映。中南、东南地区的少数民族在长期的生产和生活中，形成了形态各异的聚落文化，成为少数民族传统民居的重要组成部分。

在中南和东南居住的少数民族与汉族一起建立了农业文明，其生产生活的形式与习惯，既保留了本民族的特征，又反映出与汉族农耕文化的交融。古代中国哲人"仰观天文，俯察地理，近取诸身，远取诸物"，通过实践、思考和感悟，孕育了人与自然和社会的基本关系的认识体系。在少数民族的居住文化中，也体现了这样的观念。

瑶族的聚落景观

瑶族的村落是由血缘组织起来的。例如广西东山上塘村瑶族姓俸、姓盘的居多，有 300 多户。其他的姓氏如姓蒋、姓唐的都是汉族。这里的同姓隔了五代就可以通婚。上塘村瑶民俸桂月家的门前有一个水塘，她说这是姓俸的子孙塘。从这里的村落可以看出，血缘像一条无形的纽带，把血缘家族的所有成员紧密地联系在一起。从而保证了单一姓氏血缘聚落稳定的历史走向。

瑶族村寨

历史上的瑶族曾是一个从事游耕的民族，但是随着社会生产力的发展，现在瑶族已经过上定居的生活。从整体上来说，瑶族的房屋一般都是依山水修建的。广西富川等县平地瑶的村落较大，住户多集中，少则几十户，多达百户以上。他们的村落多建于靠山并且较为开阔的坡地，为了自卫和防盗，他们有设置寨门的风俗习惯，寨门数量则依实际情况而定。

过山瑶的村庄比较分散，分布于各个山头，三三两两地选择山场定居。一般两三户一个山场，单门独户的也不少。广西金秀瑶族自治县的大瑶山地区，从总体上看，各支系的瑶族村落一般都是倚山立宅，往往被丛山遮蔽，未进村落，房屋是不容易看得见的。

茶山瑶、花蓝瑶、坳瑶居住的村屯较为集中，居住处的环境比较好，常有溪水淌过村屯。茶山瑶的村屯，多分布在山谷和沿溪流两岸的山坡下，也有少数村落建于山腰。坳瑶的村落多分布在山谷中，少部分居住在山脚和山腰。花蓝瑶部分居住在溪流两岸的山腰，部分居住在接近山顶的山腰中。山子瑶和盘瑶的居住较为分散，多分布在山脊陡坡之上，也有少部分居住在山冲和山腰的，零星地分布在茶山瑶、花蓝瑶村落的周围。

　　水是生命之源，而对于久居十万大山的瑶族来说，饮水是一个至关重要的问题。在长期的生活和劳动实践中，瑶族人民用自己的聪明智慧发明了架设竹笕引水的方法。瑶族人先找水源，水源要丰富，不论盛水季节或枯水季节，都要有水流出。找到水源后，便修"笕路"，搭好承放竹笕的架子，砍伐毛竹或楠竹，将竹子破成两边，修去节疤，让水畅通。有的地段可以不破，将整根竹子的竹节凿通。架笕时，根据地形架设，有的要依山搭架，有的要悬空高吊引渡，有的要转弯抹角，有的要把竹筒水管埋入地里，以便行人和牲口通过。竹笕离房屋有远有近，近的有二十多米，远的达几百米、上千米，盘山过坳，飞越山头，跨过溪流。在崇山峻岭的大瑶山上，竹笕像一条美丽的绢带盘绕，涓涓溪流滋润着人们的心田。

　　村落是人们共同的生活聚落，边界是村落的基本构架。村落的基本构架有的种树，有的是标志性的建筑物。瑶族村落在村边的入口处堆起石头，甚至砌成一小段墙，它标志着聚落共同体生活的最大范围，由于它的存在，使聚落奠定自身的意义。

由于我国少数民族大都处于边远地区，他们在自己传统文化的基础上，建立起适合自己村落发展和维护村落共同体的管理制度。瑶族所建立的石牌制度堪称典型，如广西龙胜红瑶人所立的石牌。瑶族石牌就有"四方有风动之美，剪□稗以植嘉禾，除盗贼而安民业，自古皆然，即我前辈亦尝依"的字样。石牌往往起到如下作用：（1）保证和维护村落生产的发展、村民的人身安全及财产安全；（2）维护村寨的安全，防止盗匪的侵扰和外辱；（3）维护婚姻和家庭的稳定，保护儿童；（4）规范人们的行为，调节村落内部的争端和矛盾。在漫长的历史时期，石牌就是瑶民村落的法律，它的功能实际上已经超出了建筑实体本身的意义。

干栏群落的居住环境

聚落是家族、亲族和其他家庭结合地缘关系组成的共同体，是社会的基本单位。居于中南、东南的民族从事农耕，他们善于选择聚族而居。

干栏群落是按家族、宗族相对聚居的需要安排的，其布局通常有串联式、并联式、平行式和辐射式等。串联式是从山麓到山腰上下依次排列若干个干栏，前后用带顶棚的飞桥连接起来，这往往是一大家几兄弟分别居住的。并联式为两排干栏，中留通道，两端有围墙及院门，形成相对封闭的长方形院落，这显然是氏族社会长屋的遗风。辐射式多见于较宽阔的山麓，干栏自下而上排成几行，自上向下展开辐射，中留通道，有的通道为石级。辐射式常与串联式相结合。在斜度较大的山麓，常常将屋基垒成梯田式，每一级横向排列若干干栏，平行伸展，有时上行屋基与下行屋顶平齐，饶有趣味。

壮族主要居住在我国岭南平原丘陵和山地地带，为传统的农耕民族。他们很注重营造舒适的村落与住房。壮族的村落选择在依山傍水、视野开阔的平地，顺着山角地势及溪流走向而扩展。一般以坐北朝南最为常见，村民的住房方向一致，排列整齐。壮族的干栏房也讲究择址，一般选择在依山傍水的地方，屋后是雄奇的山峦，前面是开阔的田畴，清流环绕，山清水秀。壮族的选址对方向并不讲究，但以坐北朝南最为常见，坐东朝西的也较多。面对的山势也多彩多姿，有的形如笔架，有的酷似瑞兽珍禽，有的酷如碧玉簪，有的扇列如屏。讲究的是基址土石的扎实，为了打好基础，有的地方要垒几十米的高台，然后在上面建筑干栏房。

高山族居所多在背山面河的险峻山麓地区，也有的在小型的台地上。居住在北起台中县、南至屏东县横跨中央山脉两侧广大地区的布浓人，与周围的泰雅、排湾、阿美等人的居地相接，他们的居住地区多在海拔 500 米～3000 米之间。这支族群为了适应高山气候，往往是一至数户的小聚落。而生活在兰屿环岛海边的雅美人，居住村落比较庞大，并且非常注意村落环境的建设。村落四周都有密密的竹林，摇曳的竹林哗哗作响，在欢迎远来的客人。在村口的要害处，往往建起高大的碉楼瞭望防守。

风水观念及环境保护

中国人有传统的避凶趋吉的观念，《易经》有：人以类聚，物以群分，所以才吉凶生矣。中国人按照易学的思想，建立了择吉的择居观念，形成了具有浓郁中国特色的堪舆学。在明清时期，堪舆学向周边地区渗透，也传到了岭南一带壮、瑶、土家、畲等民族居住的地区。

畲族民居

畲族的居住民俗在其形成的过程中，不断接受汉文化的影响，十分注重"风水"观念。但畲族讲"风水"，更多的停留在感性阶段，认为家族兴旺发达是由"风水"所决定的。因此，在建房前首先要看"风水"。在选址择地时，讲究"龙"、"局"、

"水"。"龙"指的是龙脉，也就是山势的脉络。要求山势雄伟，奔腾有势，致使主人人丁兴旺；"局"指的是山峰的布局，要求如公堂格局，中轴对称，旗鼓皆备，坐镇基地，"局"主功名显赫；"水"指的是前方的水势，要求水势回环，不能直来直去，"水"主财源。因此，畲族常在村口、房前筑坝、植树，用以"筑水口"，使水势回环，护住财源。

畲族的民居具有"大分散，小聚居"的特征。大分散的畲族，南到广东，北至安徽，远隔数千里。说到分散，从生存的自然环境看，畲族人居住环境山高林密，野兽出没，时有匪患，单家独户，缺乏安全，抱成一团，聚族而居是畲民的唯一选择。从生存的社会条件看，封建社会长期实行民族歧视、民族压迫政策，畲族不可能零星地迁入汉族居住的地区，因而世代相传，形成了畲族聚族而居的风俗，构成了为数众多的血缘性畲族村落。

畲族有保护生态环境、营造绿色家园的优良传统。众多的家谱都有"家训"，教训子孙，规范行为。东山雷氏"家谱"篇曰："山内老树，祖宗手泽所存，原以护卫风水，任意砍伐，根株殆尽，殊非克肖，子孙嗣后，务必爱惜，留绿成林，庶方成一族之规。"上和庵钟谱曰："人有栖身之地，方可安生乐业，大凡村落皆有树木环卫互荫，望之郁郁葱葱称之为胜地，即生聚绵长之道也。吾族后崎险，更宜培植树木以御风水，现在前人培植成林可为百年大计，急需协力保护，毋得妄为剪伐。"畲族世代遵循祖训，营造良好的居住环境，重视路边村落周围和房前屋后的绿化。他们以"造成风水画成龙"的信念，在村口、村中和屋后山坡种松树、枫树、樟树和苦槠等，屋边种毛竹、树木使房屋掩映在青山绿林之中。畲族还把栽篁竹作为孝敬老人的行为。

壮族对高大树木十分崇拜，并产生了以村落文化为内容的神话传说《祖宗神树》。据说壮族在人口增多，需要分散、扩展到外地的时候，大家一致商定，为了使后代不忘记祖宗，并能清楚地识别同祖同宗，不论在何地新建村落时，都要在寨边种植火红的木棉、繁茂的榕树和高大的枫树。人们认为，房屋及牌楼的取向、高大树木的位置都受一种超自然力量的制约，象征同心。高大的树木能够战胜邪恶，保证人畜兴旺、安定幸福。村民通常将大叶榕种在村子南边开阔的位置，爱护有加，严禁砍伐伤害。并以种植大叶榕自豪，视为保佑村落、诞生英雄的神物。

中南、东南少数民族的聚落是人们生活的共同空间。贸易集市、娱乐场所、饮用水源都是村落人们日常活动的种种设施。但是从建筑文化的角度来说，作为人们共同生活的聚落，它往往有一个中心。而贸易市场、共同的水源、宗教建筑、共同使用的桥梁都成为村落中心标志。湘西不少村镇有围绕池塘的亲水空间群组。多半一村只有一个这样的群组，其位置有的在村头，有的在村的后部或村中。池塘具有实际功能，如防火、洗涤、种莲、养畜禽、养鱼等，另一方面还具有强烈的精神象征意义。年长的村民称池塘为龙池，认为是龙生息的地方。大的树木也是全聚落活动的中心，村民们劳动之余，常在树下歇息，因此大的树木与池塘一样，成为村民心目中吉祥的象征和全村的保护神。

室内设施及家具

室内的设施是民居文化的重要组成部分，而中南、东南各民族室内设施更具有自己的地域特色。

畲族的室内布置

畲族的室内设施，以暖房和火炉塘最有特色。畲语也称暖房为"堂前"，是家庭生活的中心位置。在中堂两边的偏房前一方间，中间摆桌子，桌下设一火炉，用黄泥糊成圆形或方形，将烧饭后的灶中炭火移到暖房，并在桌下挂茶壶烧开水或开水保温。桌面下设竹帘可焙东西。两壁设木柜，兼作凳子和储存红薯种等种子。会客、闲聊、吃饭都在暖房内进行，冬春秋三季不息的炉火给主人和客人带来了无限温暖。火炉塘设在灶间，用草柴烧饭的畲族人家一般都有火炉塘。在灶前不靠壁的角落，挖一小火塘，点燃杂柴烧火。凡来客都坐到灶边，吃饭和会客都在这里进行。善于抒发感情的畲族往往一边烤火一边对歌，所以畲族人称对歌为"烧火灼"。

畲族居民的生活用品非常质朴而实用，一般都是就地取材，多为木、竹、石制品。经常使用的厨房用具有：木粥桶、木面盆、竹水筒、木勺和瓜壳制的水瓢等。日常生活用具主要有：竹壳陶火笼、竹灯盏架、木履和火笼等。

颇具特色的是畲族姑娘出嫁时使用的八角轿。八角轿顶呈八角形，色彩鲜艳，工艺精致。石制水缸也别具特色，一般作八角形或矩形，用以储备饮水，传统的石制水缸上有各种各样的雕刻花纹。茶筒是家家户户必备的用品，用毛竹制作，大筒用3至4节毛竹，小筒用1至2节毛竹，筒上作双耳，系小麻绳。畲族人上山下田劳作，盛放茶水，若是盛酒，即为酒筒。背篓是畲族人常用的器具，用竹篾编织而成，篓口为椭圆形，扁瓶状，篓口两侧系小棕绳，用单肩挎背，常用在上山采茶、下园摘菜和上集采购货物。

苗族的火炕

火炕是今湖南湘西土家族苗族自治州生活的苗族民居中传统的取暖设施。据《凤凰厅志》记载，古时，苗民被迫迁徙深山老林，无房屋居住，只好栖身岩穴，或者搭棚为屋，避风躲雨。因为穷得没有铺盖，故借火炕烧火御寒，年深月久，相沿成俗。后来苗族人制作了架子床，但火炕仍然留了下来。苗族的火炕，通常用条石镶成，之后又用椿木在周围围成正方形，然后在火炕周围用硬木板铺成"地楼"。地楼离地面约一尺左右，苗家称为拉总或总站，汉称床铺或冷床。在不需烧火时，就将地楼打扫干净，有的还用桐油油一次，擦得明火闪亮，不准生人随便上去。主人未请入座时，客人也不能坐，因为火炕旁边为苗家安灵设位祭祖之处。到苗家做客，主人招呼你坐下后，必须擦掉鞋底下泥巴；晚上客人不能上地楼睡觉，按苗家习俗，主人安排客人睡在火炕旁的地铺上，让客人同主人的祖先英灵睡在一起，以示对客人的敬重。

瑶族的火塘及家具

广西东乡瑶族住房多为东西走向建筑。瓦房多为青石奠基，四角用高大的青石料顶角，横屋两面倒水，正面开门。照墙房两侧和照墙均砌桶墙，两侧开门。照墙内设天井，室内光亮充足，厅堂宽阔敞亮。屋内除厅堂外还有倒厅，左右厢房，天井两边设有横房，火塘一般安设在厢房或者横房内，东西向烧火。瑶族的一个支系——板瑶有两个火塘。板瑶非常讲礼貌，尊敬老人，爱护晚辈。每见长者到来，都主动让座、倒茶。老人不开口，后生不离开。老年人为了体惜年轻人，就在家里多开一个火塘，让年轻人在那里无拘无束地说说笑笑。除有特殊事情外，一般老人是不去年轻人的火塘打扰他们的。这样，既可以保证一家老少的生活各得其所，又方便待客。客人来到，先迎接到老人火塘敬茶、敬烟，然后才按照来客辈分、年龄，分别安排在哪个火塘。

在广西大瑶山里居住的板瑶几乎家家都有一个用杉木板做成的齐人脖子高的大圆桶。那是专门作洗澡用的特制木桶。瑶族同胞长期居住在高山上，缺医少药，在同自然灾害和疾病作斗争的过程中，他们积累了许多经验，有许多祖传秘方，几乎每家都有人会用好几种草药。他们经常将草药采集回来，放在锅里煮，把药水倒入大圆桶中洗澡，这就是他们的"澡桶"。瑶族同胞将滚烫的草药水舀入桶里，加入泉水，当水温适度时就下桶洗澡。洗澡时，全身浸泡在温暖的药水里，非常舒适，不仅提神补气，还治疗各种皮肤病。因此，这种洗澡方法代代相传，成为瑶族同胞别具一格的生活习惯。瑶族同胞洗澡时还有一规矩，那就是：先男后女，先老后少；如有客人来，就让客人先洗。他们这样做是款待客人，尊敬老人。要是客人愉快地下桶洗澡，他们就非常高兴，会更加热情地招待你，就餐时便拿出最好的陈酒来敬酬客人，无所不谈。

瑶族的一支——茶山瑶有睡"月亮床"的习俗。月亮床的结构非常别致，与普通的床不同的是它在床的四周加顶板，钉成板壁，在前面留下一个二尺直径的洞口，形如圆月，因此美称为"月亮床"。月亮床冬暖夏凉，有较高的实用价值。床的洞口非常讲究，正面的洞口上有的雕刻着活灵活现的龙和凤。龙凤双双，翩翩起舞。旁边点缀着蝴蝶、花卉等装饰物，给人以无限的美感。

在瑶族地区为了孝敬老人，姑爷有给老人赠送牛筋椅的习俗。牛筋椅与安乐椅形状相似，但必须专程到高山向阳坡砍青枫木和牛尾木做椅架，象征着寿星们身体要像山中的青枫木一样越老心越红，要像牛尾木一样坚忍不拔。用深山中的野牛筋编织成坐、躺用的筋条。姑爷到深山老林狩猎时，要留意捕捉野牛，取其筋条，经多年日晒烘干，待自己的岳父母年近六旬时，请一位巧木匠精心制作这张富有传统技艺的牛筋椅。制成后，用桐油拌芝麻油涂上。油汁干后，散发出馨香的气味。老人们一坐上或躺上，感到格外舒适。

船形屋内的设施

黎族的金字塔式茅屋平面布局呈横长方形，在屋顶方面用金字塔形代替了圆拱船形顶，前后的檐墙已经升得很高，这对开门、开窗很有利，正门改在屋前方。金字塔式茅屋设有单间、双间、三间、四间和庭院式等多种，随居住者的经济状况、人口多少和生活水平而定。黎族的金字屋由前廊、厅堂、卧室和厨房组成。入门后就是厅堂，厅堂两侧为卧室。在门廊一侧或离开金字屋另搭一小间作为厨房。房间以厅堂最大，一般约 15 平方米左右，卧室约 10 平方米～12 平方米左右。厅堂是全家人活动的中心，后墙正中有神台或神阁架，祀奉祖先。卧室内有木制或竹制睡床和其他一些物品。厨房置有炉灶、水缸、炊具、烘物架等。万宁、陵水、儋县、琼海、崖县（三亚市）的黎族地区，由于受汉族影响较深，已普遍采用这种横向式金字塔建筑住宅，不论是船形屋或是金字屋，三五十年换一次屋柱，屋顶茅草片三五年换一次。

台湾少数民族屋内设施

台湾少数民族民居讲究屋内炉灶的布置，每家设炉灶一处、二处或三处，以便日常生火做饭、冬日取暖。过去有的山区无被子，全靠炉灶取暖。由于族群不同，炉灶的构造也各不相同。北部高山族以石块或废刀、铁锹等做成三足鼎立的"三脚"。"三脚"高 12 厘米～24 厘米，鼎足间相距约 24 厘米左右。阿美人、卑南人的炉灶较进步，赛夏人使用汉式炉灶。炉灶的位置和数量各地不一，北部泰雅人诸族群的炉灶，多在睡床间左右各有一处，曹人仅有一处。阿里山曹人则在中央支柱间设一处，布浓人在中央支处左右设二处，北部阿美人在居室一边设置一处，中部阿美人在居室左、右各设一处。台湾少数民族往往在炉灶上面的横梁下，悬挂竹制或者木制的吊棚，主要为了干燥谷类，也可兼放食器。多数阿美人和卑南人将室内划出厨房，设有水瓮和炊具等放置处。

台湾少数民族睡床。泰雅人的床以木或竹作外框，以藤条穿编竹片、竹条、芦苇等并成床面，南部曹人、布农人、卑南人的睡床是以茅茎、竹和藤编成的，无边框，可随时移动。在睡床上的侧壁置吊棚，在睡床旁边置衣柜。

他们的用具多为木器。鲁凯人的木雕精巧。在木器中，刳木器有木臼、木桶、捣糕臼、蒸笼等；砍削木器有木杵、木柄、木枕、木凳、木匙、木盘、木勺、掘杖、木槌、刀鞘等。贵族所有木器多有雕饰，大南社鲁凯人的人像木刻为高山族中最具特色者，在地主头人家庭及公廨，都有巨形浮雕，雕刻祖先及英雄雕像。巨形谷桶、方板的雕饰，也是鲁凯人最具特色的雕刻器物。藤竹编器以精巧及种类繁多为特色，有背篓、竹背袋、方篓、大竹笾、小笾、内笾、竹筛、儿篮、竹箱、谷篓、鱼篓、钱筌等，都以人字编与六角编为主。制皮也是鲁凯人的主要工艺。所用皮料为：鹿皮、山羊皮、猿皮等。用晒皮架、刮皮刀、浸皮桶等工具制皮。制皮的程序：张皮、刮皮、晒皮、浸水、剃毛、再晒、涂油鞣皮等。

图 书 在 版 编 目 (CIP) 数 据

少数民族民居/叶禾编著．—北京：
中国社会出版社，2006.9
(中国民俗文化丛书/刘魁立，张旭主编)
ISBN 978 - 7 - 5087 - 1423 - 3

Ⅰ．少…　Ⅱ．叶…　Ⅲ．少数民族—民居—简介
—中国　Ⅳ．TU241.5

中国版本图书馆 CIP 数据核字（2006）第 108497 号

丛 书 名：中国民俗文化丛书
丛书主编：刘魁立　张　旭
全案策划：李春园
书　　名：少数民族民居
编　　著：叶　禾
责任编辑：邢幼戣
出版发行：中国社会出版社　邮政编码：100032
通联方法：北京市西城区二龙路甲 33 号新龙大厦
　　　　　电　话：（010）66080300　（010）66083600
　　　　　　　　　（010）66085300　（010）66063678
　　　　　邮购部：（010）66060275　电 传：(010)66051713
　　　　　编辑室：（010）66060097
网　　址：www.shcbs.com.cn
经　　销：各地新华书店
印刷装订：中国电影出版社印刷厂
开　　本：155mm×225mm　16 开
印　　张：10.75
字　　数：80 千字
版　　次：2011 年 4 月第 3 版
印　　次：2014 年 9 月第 6 次印刷
定　　价：18.00 元